新手成功烘焙DIY

沈鴻典／著

暢文出版社

CONTENTS

DIY 烘焙材料、器具
供應廠商聯絡電話

羅東／裕　順 (03) 9543429
宜蘭／欣新烘焙 (03) 9363114
基隆／美　豐 (02) 24223200
基隆／富　盛 (02) 24259255
基隆／証　大 (02) 24566318
台北／向日葵 (02) 87715775
台北／燈(同)燦 (02) 25533434
台北／飛　訊 (02) 28830000
台北／皇　品 (02) 26585707
台北／義　興 (02) 27608115
台北／媽咪商店 (02) 23699868
台北／全　家 (02) 29320405
台北／亨　奇 (02) 28221431
台北／得　宏 (02) 27834843
新莊／麗莎烘焙 (02) 82018458
新莊／鼎香居 (02) 29982335
板橋／旺　達 (02) 29620114
板橋／超　群 (02) 22546556
板橋／聖　寶 (02) 29538855
板橋／嘉美行 (02) 29637288
中和／安　欣 (02) 22250018
中和／艾　佳 (02) 86608895
新店／佳　佳 (02) 29186456
三重／崑　龍 (02) 22876020
三峽／勤　居 (02) 26748188
淡水／郭德隆 (02) 26214229
淡水／虹　泰 (02) 26295593
樹林／馥品屋 (02) 26862258
龜山／櫻　坊 (03) 2125683
桃園／華　源 (03) 3320178
桃園／好萊屋 (03) 3331879
桃園／家佳福 (03) 4924558
桃園／做點心 (03) 3353963
中壢／艾　佳 (03) 4684557
中壢／作點心 (03) 4222721
新竹／新盛發 (03) 5323027
新竹／葉　記 (03) 5312005
竹東／奇　美 (03) 5941382
頭份／建　發 (037) 676695
豐原／益　豐 (04) 25673112
豐原／豐榮行 (04) 25227535
台中／永　美 (04) 22058587
台中／永誠行 (04) 24727578
台中／永誠行 (04) 22249876
台中／中　信 (04) 22202917
台中／誠寶烘焙 (04) 26633116
台中／利　生 (04) 23124339
台中／益　美 (04) 22059167
大里／大里鄉 (04) 24072677
彰化／永　誠 (04) 7243927
彰化／億　全 (04) 7232903
員林／徐商行 (04) 8291735
員林／金永誠行 (04) 8322811
北港／宗　泰 (05) 7833991
虎尾／協美行 (05) 6312819
嘉義／福美珍 (05) 2224824
嘉義／新瑞益 (05) 2869545
台南／永　昌 (06) 2377115
高雄／正　大 (07) 2619852
高雄／烘焙家 (07) 3660582
高雄／永瑞益 (07) 5516891
高雄／德　興 (07) 3114311
高雄／德　興 (07) 7616225
屏東／裕　軒 (08) 7887835
花蓮／萬客來 (03) 8362628
花蓮／大　麥 (03) 8578866

〈作者簡介〉

沈鴻典

● 經歷
1981年入行
1992年參加全國花式蛋糕觀摩賽
1992年赴日本洋果子連合會觀摩
1993年11月～1994年2月赴大陸
　　上海鑽石餅家擔任技術顧問

● 現任
民生社區發展協會烘焙講師
台北市立南港高中點心社烘焙講師
台北市議會烘焙部講師

● 著作
創意蛋糕裝飾 (中英對照)
新手成功烘焙 DIY
中式點心 DIY
五星級精緻西點蛋糕

〈作者序〉溫馨的DIY烘焙時光

　　許多愛好西點的朋友在品嚐了糕餅店裡過於甜膩且價格昂貴的食品後，往往會忍不住想：如果我會作西點，那該有多好！可惜市面上的食譜雖多，內容不是選材不易，就是說明太過簡略，使大家興沖沖地開始操作，卻莫名其妙地失敗收場……但是，套一句流行話：事情「真的有那麼嚴重嗎？」

　　從事烘焙教學多年，我不僅了解學員操作時容易失敗的共同原因，更知道如何面對初學者的疑問，給予最關鍵性的提示──本書正是實際操作的經驗累積，新手開卷有益。

　　不過，烘焙絕對是一門專業學問，即使已詳細說明材料、作法、烤溫，仍會因人、環境、室溫不同、器材不齊、機械轉速、烤箱性能而使成品有所差異，因此，最重要的還是要多練習，調整出最適當的狀態，方可做出令人垂涎欲滴的作品。

　　在周休二日的現在，晴明之日不妨出外踏青，風風雨雨的時候也能有有趣的事做。看吧，我那五歲的小女兒是妻子做西點時的小幫手(專門拿蛋)，愛吃軟綿綿蛋糕的岳母是大幫手(專門清洗器具)，而遊走客廳與廚房、晃來晃去、頻頻問好了沒的岳父，則早已沏了壺濃濃的老人茶、和孫女們排排坐，等著享用午茶點心……這樣一幅溫馨的畫面，正是我家常常出現的情景，也是全家情感凝聚的時光──我很珍惜這樣的一刻，也願與你們分享全家一起動手作西點的快樂！

器具介紹

↓→電子秤、秤：用以準確秤量所須材料之重量。

→桌上型電動攪拌器、打蛋器：用來製作西點蛋糕不可或缺的工具，為攪拌材料或打蛋時的省時省力之工具。

↑分蛋器：用以分開蛋白與蛋黃的工具。

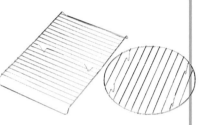

↑鐵架：用於蛋糕出爐倒置散熱用。

↑塑膠刮板：用來切割麵糰或抹平麵糊用。

↑耐熱烤盤布：可重覆使用之耐高溫烤盤布，用於烘烤餅乾及整盤的蛋糕用，使之不沾黏好拿取。

↑大小鋼盆：用來攪拌麵糊或盛裝材料用。

↑耐熱手套：用來保護雙手，於烘焙過程中用。

↑各式烤盤：有多種尺寸及材質可依照喜好選用。

↑篩子：用來過篩麵粉或過濾有細小顆粒用。

→量杯、量匙：用來測量液體或乾性少量的粉末。

器具介紹

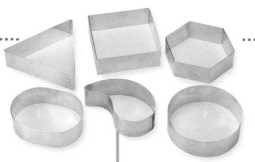

↑**各式慕斯模：**一般用來製作慕斯，
有各種尺寸及造型，可依喜好選用。

↑**各式烤模：**有多種尺
寸及材質，可依照喜好
選用。

↑**大小鋁塔模：**用來烘烤蛋糕及小型塔，
有各種尺寸及造型，可依喜好選用。

↑**蛋糕模：**有分尺寸及
底盤固定、活動二種。

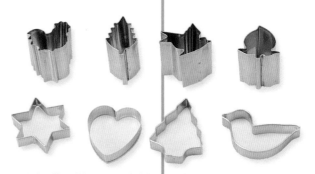

↑**各式印模：**可用來蓋印餅乾，
做造型，或轉寫巧克力片時用。

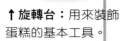

↑**旋轉台：**用來裝飾
蛋糕的基本工具。

↑**派盤、塔盤：**有各種
尺寸之分，一般用於派類、塔類之用。

→抹刀、西點刀：
用於塗抹及切割
蛋糕或水果之用。

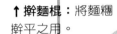

↑擀麵棍：將麵糰
擀平之用。

↑毛刷：用來
刷蛋汁或果醬
、果膠用。

→刮板、銅模：製作
巧克力裝飾片時的專
業工具。

**↑三角紙、擠花袋、花
嘴：**裝飾蛋糕及擠花用。

↑滾輪刀：分割麵糰用
，一般用於面積大且較
薄之麵皮。

↑刮球器、擦絲板：挖
水果球、刮巧克力屑、
磨檸檬皮之用。

↑各種塑膠模：用
來做果凍、布丁、
巧克力之造型用。

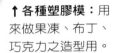

↑轉寫紙：可將紋路轉
印在巧克力片上的工
具，一般用來裝飾。

↑瓦斯噴槍：一般用在
慕斯脫模或燒烤蛋白之
造型用。

↑平底鍋：用來炒餡料
或煎麵皮之用。

材料介紹

→奶油、沙拉油、乳瑪琳：為製作食品主要的材料之一，依溶點不同有不同用途。

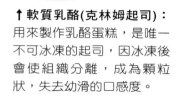

↑軟質乳酪(克林姆起司)：用來製作乳酪蛋糕，是唯一不可冰凍的起司，因冰凍後會使組織分離，成為顆粒狀，失去幼滑的口感度。

↑麵粉：高筋麵粉多半用來做麵包。中筋麵粉用來做一般的蛋塔類或蛋黃酥以及包子、饅頭等。低筋麵粉用來做蛋糕或小西點。

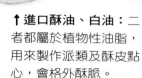

↑進口酥油、白油：二者都屬於植物性油脂，用來製作派類及酥皮點心，會格外酥脆。

↑玉米粉、太白粉、綠茶粉：玉米粉及太白粉都屬於澱粉，用來降低麵粉的筋度，使蛋糕組織更細緻柔軟。綠茶粉屬於添加物，可添加於蛋糕或果凍內。

→特級砂糖、糖粉：製作食品的主要材料。

↑小蘇打、泡打粉、SP、塔塔粉：蛋糕製作時的材料之一，用來中和酸鹼度或膨脹之用。

↑起司粉、乳酪粉、杏仁粉：用來加強口感的添加物。

↑雞蛋：用來製作蛋糕的主要材料。

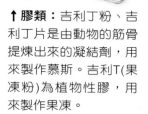

↑膠類：吉利丁粉、吉利丁片是由動物的筋骨提煉出來的凝結劑，用來製作慕斯。吉利T(果凍粉)為植物性膠，用來製作果凍。

↑**咖啡、檸檬汁、蘭姆酒：**
都屬於添加物，用來加強食
品的風味。

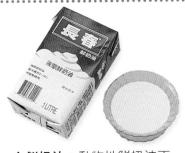

↑**鮮奶油：**動物性鮮奶油不
含糖，植物性鮮奶油含糖，
經過攪打後為發泡鮮奶油，
可用來塗抹蛋糕，添加於慕
斯及冰淇淋之用。

↑**黑棗、蜜芝果、葡萄乾：**
為蜜漬過的水果，用來調味
或裝飾。

↑**巧克力磚、巧克力醬、可可粉：**
用來裝飾及製作蛋糕之用。

↑**各種香精：**是一種濃縮的
添加物，用來加強食品的風
味。

↑**乾果仁：**烘焙
的添加材料。

↑**黑櫻桃、紅櫻桃餡料、
果醬：**鋪於派類或塔類的
夾餡料，或做裝飾用。

↑**椰子粉：**用於裝飾
或拌餡料之用。

↑**巧克力米、銀珠：**裝飾用。

↑**奶製品、橘子水：**為製作蛋糕的材料之一，
可增加香味。其中罐裝的濃縮牛奶水(如三花奶
水)是含糖有甜度的。鮮奶水則是一般市售的鮮
奶，不含糖。

↑**各式水果：**裝飾用。

注意事項＆製作須知

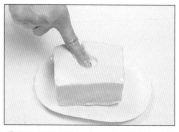

❶需用到奶油時，必須將奶油由冰箱拿出，放置到恢復為室溫為止，可用手指壓一下。

❷在製作蛋糕前20分鐘，須預熱烤箱，將上火、下火調至所需之溫度。

❸烘烤蛋糕時，如遇溫度過高而蛋糕未熟時，可利用鋁箔紙降低上熱管的溫度。

〈製作須知〉

❶製作蛋糕時請特別注意材料部份。以往的蛋糕食譜在加蛋時通常以加幾個蛋為單位，故失敗率極高，因為蛋的大小不一，甚至還有連不連蛋殼的爭議，所以本書採用公克(g)來計算，並清楚告知蛋白或蛋黃的添加重量。

❹在製作蛋糕前，須將所有的粉末類材料一起過篩。

❺麵糊類蛋糕須用到模型烤焙時，須先擦油(安佳奶油或白油)，灑上一層高筋麵粉，再倒出多餘的麵粉。

❷本書為讓讀者或新手能輕鬆製作糕點，故材料的排列順序即製作時的添加順序，凡可一起加入的材料列在一組為A料、B料或C料……，其中要注意的是粉沫類的材料須一起過篩。

❸讀者或許覺得有些糕點吃起來稍甜，但每一份蛋糕的材料配方都有其一定比例，任意增減糖份可能破壞蛋糕組織，變得粗糙或口感較差，且操作較易失敗。

❹蛋糕的保存期限為室溫３天。

❺特別要注意的是「分蛋類」在製作時須將蛋白與蛋黃分開，各自攪拌後再混合在一起；「全蛋類」則為不連蛋殼的計算方式。

❻製作糕餅前，應詳讀材料及作法，方可避免失敗。

❻❼奶油與糖打發要加蛋時，須先加入一個徹底攪拌均勻，才可再加另一個，若一次全部加入，會導致奶油和蛋分離。

簡易擠花袋

❶將三角紙平放桌上。

❷左手為握住固定不動的狀態，利用右手將三角紙由外向內捲。

❸右手一邊向裡端捲時，左手應將尾端確實握住固定。

❹裝入所需材料後，將三角紙由外向內摺疊紮實，才不會漏出來。

❺用剪刀剪出洞口所需的大小。

鐵盤紙的裁法

❶將鐵盤置於紙的上方,將紙往上摺測量長寬後裁下來,用剪刀剪出將重疊的四個斜對角線(剪的長度視鐵盤高度而定)。

❷鋪入烤盤內,每個接合處用手指壓一下,讓紙出現凹痕,與烤盤緊貼。

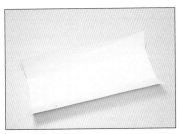

❶將鐵盤置於紙的上方,將紙往上摺測量長寬後,裁出紙形。將紙均分為三等份。

❷將兩端的紙摺出烤盤的高度,並在摺痕處直剪至烤盤高度,兩端向內摺即可。

❸鋪入烤盤內,每個接合處用手指壓一下,讓紙出現凹痕,與烤盤緊貼。

❶將四角形的紙斜向對摺再對摺。

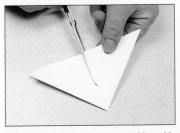

❷在對摺的正中間,用剪刀剪約2/3的直線(不要剪斷)。

❸可清楚的看到打開的摺痕與剪的位置。

❹將紙重疊後放入烤模即可。

發泡鮮奶油

註:市售鮮奶油分為兩種,一為植物性鮮奶油(含糖份),一為動物性鮮奶油(不含糖),通常塗抹蛋糕時使用的鮮奶油為植物性鮮奶油。

❶將鮮奶油倒入鋼盆,用手提打蛋器攪打。

❷將鮮奶油打至柱狀,即鋼盆側一邊,鮮奶油也不會掉下來,即為發泡鮮奶油。

❸發泡鮮奶油加入食用色素,攪拌均勻即可(色素可依喜好酌量增減)。

發泡奶油

❶將奶油450g和糖粉180g一起攪打。

❷打至變乳白色，加入20g的蘭姆酒一起攪打。

❸打至膨鬆如羽毛狀的奶油糊。

蛋白加糖的發泡程度

❶打到濕性發泡，還是半液体狀。

❷打到中性發泡，呈軟柱狀。

❸打到硬性發泡，呈較堅硬的柱狀。

❹打到過度發泡，呈棉花球狀。

全蛋加糖的發泡程度

❶打到濕性發泡，大約糖散。

❷打到中性發泡，呈較濃稠的液体。

❸打到硬性發泡，呈較堅硬的柱狀。

❹打到過度發泡，呈很濃稠的凝結狀。

基本戚風蛋糕

〈蛋糕：分蛋類〉

材料 (約6吋模2個或8吋模1個)

A		
	沙拉油	60g
	橘子水	40g
	鹽	少許
	細砂糖	20g

B		
	低筋麵粉	95g
	玉米粉	8g
	泡打粉	5g

C		
	蛋黃	60g
	全蛋	1個

D		
	蛋白	150g
	細砂糖	95g
	白醋	5g

〈烤溫〉

上火160℃
下火140℃
烤約35～40分鐘即可

❶將A料打至糖散。

❷篩入B料，攪拌均勻。

❸加入C料，攪拌均勻備用。

❹將D料打至中性發泡(蛋白發泡程度請參照12頁)。

❺先挖約1/3的蛋白泡沫到麵糊中輕輕拌勻。

❻再將整盆麵糊倒入蛋白中，攪拌均勻即可。

❼麵糊倒入模型後輕摔一下，震出氣泡即可放入烤箱。

❽烤好出爐後，倒扣。

❾待涼沿邊刮出蛋糕，取下模型。

❿刮下底盤即可。

純巧克力蛋糕

〈蛋糕：分蛋類〉

材料 (約18～20個量)

A	巧克力…………………167g	
	動物鮮奶油………167g	
	安佳奶油……………125g	
	蛋黃…………………125g	
B	低筋麵粉……………65g	
	可可粉………………60g	
C	蛋白…………………250g	
	細糖…………………175g	
	玉米粉………………15g	

備註：亦可用實底的6吋模子烤焙，但模子須擦油撒粉鋪底紙。6吋烤溫為上火180℃、下火150℃，鐵盤加水約1/3量，烤約90分鐘即可。

〈烤溫〉

上火220℃
下火180℃
烤約25～30分鐘

❶將A料溶解備用。

❷將安佳奶油切塊打發。

❸慢慢加入蛋黃攪拌均勻。

❹慢慢將溶解的A料倒入，攪拌均勻。

❺篩入B料攪拌均勻。

❻將C料打至中性發泡(蛋白發泡程度請參照12頁)。

❼挖1/3的蛋白泡沫至麵糊中拌勻。

❽將整盆麵糊倒入蛋白中攪拌均勻。

❾將麵糊裝入擠花袋，擠入模杯約9分滿。

❿鐵盤加水約250cc，即可放入烤箱烘烤。

爾士蛋糕

〈蛋糕：分蛋類〉

❶將A料打至糖散。

❷加入沙拉油，攪拌均勻。

❸加入奶水，攪拌均勻。

❹將B料打至硬性發泡 (蛋白發泡程度參照12頁)。

材料 (成品約12組)

| A | 蛋黃 | 60g |
| | 細砂糖 | 34g |

| | 沙拉油 | 34g |
| | 奶水 | 25g |

| B | 蛋白 | 128g |
| | 細砂糖 | 67g |

C	低筋麵粉	108g
	玉米粉	25g
	泡打粉	7g
	鹽	1g

| | 椰子粉 | 少許 |

❺把麵糊倒入蛋白，攪拌均勻。

❻篩入C料，攪拌均勻。

備註：麵糊擠入鐵盤每次約12片，先烤一次，剩下的麵糊再烤一次，共24片，2片1組共12組。

❼麵糊裝入擠花袋，擠飾成橢圓狀，撒上椰子粉，即可入烤箱烘烤。

❽擠上果醬，撒上葡萄乾，兩片夾起來。

〈烤溫〉

上火250℃
下火100℃
烤至著色即可

❾沾上巧克力即可。

白雪蛋糕

〈蛋糕：分蛋類〉

❶將A料打至糖散。

❷篩入B料攪拌均勻。

❸加入蛋白攪拌均勻，備用。

❹將C料打至中性發泡 (蛋白發泡程度參照12頁)。

材料 (約一鐵盤的量)

A		
橘子水		113g
沙拉油		75g
細糖		25g
鹽		2g

B		
低筋麵粉		150g
玉米粉		47g

蛋白‥‥‥‥‥‥‥‥‥47g

C		
蛋白		235g
細糖		113g
醋		10g

蜜芝果‥‥‥‥‥‥‥‥60g
綠茶粉‥‥‥‥‥‥‥‥6g

❺挖1/3的蛋白到麵糊內輕輕拌勻。

❻將整盆麵糊倒入蛋白中，攪拌均勻。

❼將麵糊分為兩份，一份拌入蜜芝果。

❽一份拌入綠茶粉。

〈烤溫〉

上火220℃
下火100℃
烤至著色後
上火轉為160℃
下火轉為100℃
再烤約25分鐘即可

❾各倒入鐵盤的一半，即可放入烤箱烘烤。

❿烤好後取出待涼，對切抹上發泡奶油，夾起來即可(發泡奶油做法參照12頁)。

〈蛋糕：分蛋類〉
沙哈蛋糕

材料 (約8吋模1個量)

A
安佳奶油……100g
細砂糖………10g

蛋黃…………100g
純白巧克力………100g

B
蛋白…………170g
細砂糖………70g
工研醋…………4g

低筋麵粉…………120g

C
橘子果醬………少許
打發的鮮奶油…少許
(作法參照P11頁)

溶解的純白巧克力 (裝飾用) …………適量
溶解的牛奶巧克力 (裝飾用) …………適量

〈烤溫〉
上火200℃，下火150℃
烤約35分鐘即可

❶將A料打均勻。

❷分三次加入蛋黃，每加入一次要徹底拌勻才可再加。

❸將巧克力隔水加熱。

❹倒入巧克力攪拌均勻備用。

❺B料打至中性發泡(蛋白發泡程度參照12頁)。

❻挖約1/3的蛋白至麵糊中拌勻。

❼將整盆麵糊倒入蛋白中攪拌均勻。

❽篩入低筋麵粉攪拌均勻。

❾倒入模型抹平。

❿將C料攪拌均勻。

⓫蛋糕烤好後分切為兩片，抹上C料，兩片重疊。

⓬抹勻發泡鮮奶油(發泡鮮奶油作法參照11頁)。

⓭移到網子上，淋上純白巧克力。

⓮擠上黑色巧克力細條。

⓯用筷子撥動細條。

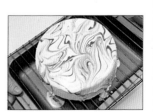
⓰震動網子，使紋路自然即可。

雙色貴妃

〈蛋糕：分蛋類〉

材料 (蛋糕、皮各約一鐵盤的量)

蛋糕的材料

A
沙拉油‧‧‧‧‧‧‧‧60g
橘子水‧‧‧‧‧‧‧‧40g
細砂‧‧‧‧‧‧‧‧‧‧‧20g
鹽‧‧‧‧‧‧‧‧‧‧‧‧‧‧2g

B
低筋麵粉‧‧‧‧‧‧95g
玉米粉‧‧‧‧‧‧‧‧‧8g
泡打粉‧‧‧‧‧‧‧‧‧5g

C
蛋黃‧‧‧‧‧‧‧‧‧‧‧60g
蛋‧‧‧‧‧‧‧‧‧‧‧‧1個

D
蛋白‧‧‧‧‧‧‧‧‧150g
細砂糖‧‧‧‧‧‧‧‧95g
工研醋‧‧‧‧‧‧‧‧‧5g

咖啡精‧‧‧‧‧‧‧‧‧少許

皮的材料

E
全蛋‧‧‧‧‧‧‧‧‧‧1個
蛋黃‧‧‧‧‧‧‧‧12個
細砂糖‧‧‧‧‧‧‧30g

巧克力醬‧‧‧‧‧‧‧少許

〈烤溫〉

蛋糕：上火200℃，下火150℃，烤約 25～30 分鐘即可
皮：上火220℃，下火180℃，烤至平均著色即可

❶將蛋糕麵糊加入咖啡精攪拌均勻(麵糊作法請參照13頁❶～❻)。

❷倒入鐵盤抹平。

❸蛋糕烤好後待涼，鋪上底紙，抹勻發泡奶油(發泡奶油作法見12頁)。

❹用刀將蛋糕劃幾條紋路 (以便蛋糕捲起來)。

❺利用擀麵棍將蛋糕稍提高。

❻往下壓一下即可捲起來。

❼捲起來後，稍放10分鐘。

❽將E料打至呈乳白色，挖一點麵糊拌入巧克力醬。

❾倒入鐵盤抹平，斜擠上巧克力的麵糊，即可放入烤箱烘烤。

❿烤好後抹上發泡奶油。

⓫連同咖啡蛋糕捲起來即可。

❶將A料打至硬性發泡(蛋白發泡程度請參照12頁)。

❷加入玉米粉攪拌均勻,再加入沙拉油攪拌均勻即可。

❸將麵糊裝入擠花袋,擠飾成扇子形狀,即可放入烤箱烘烤。

❹抹上發泡鮮奶油,黏接處抹上果醬,即可捲起來 (發泡鮮奶油作法參照11頁)。

❺擠上發泡鮮奶油,沾上巧克力,冰入冷藏至巧克力凝固即可。

〈蛋糕:分蛋類〉
甜 筒

〈烤溫〉
上火250℃
下火100℃
烤至表面著色
約15～20分即可

材料 (約10～12個量)

A	蛋白	220g
	細砂糖	85g
	玉米粉	20g

玉米粉	60g
沙拉油	60g

❶將蛋糕麵糊加入巧克力醬，攪拌均勻（麵糊作法請參照13頁❶～❻）。

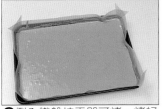

❷倒入鐵盤抹平即可烤，烤好後捲起來備用(蛋糕捲法參照23頁❸～❼)。

❸將E料攪拌均勻。

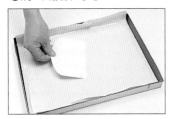

❹倒入鐵盤抹平。

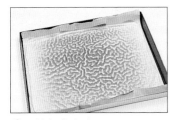

❺已烤好的虎皮。

❻將虎皮抹上發泡奶油，連同蛋糕捲起來(發泡奶油作法請參照12頁)。

〈蛋糕：分蛋類〉
虎皮蛋糕

〈烤溫〉

蛋糕：上火200℃，下火150℃
烤約25分鐘即可

虎皮：上火250℃，下火200℃
烤至平均著色即可

材料 (蛋糕、皮各約一鐵盤的量)

蛋糕的材料

A
沙拉油………60g
橘子水………40g
細砂…………20g
鹽……………2g

B
低筋麵粉……95g
玉米粉………8g
泡打粉………5g

C
蛋黃…………60g
蛋……………1個

D
蛋白…………150g
細砂糖………95g
工研醋………5g

巧克力醬………少許
(調至喜好的口感濃度即可)

皮的材料

E
蛋黃………134g
細砂糖………50g
鹽……………2g

泡打粉……………3g

黃金蛋糕

材料 (蛋糕約一鐵盤的量，可切24塊／皮約可包16塊的量)

蛋糕的材料

安佳奶油⋯⋯⋯120g
低筋麵粉⋯⋯⋯120g

A　全蛋⋯⋯⋯⋯2個
　　　蛋黃⋯⋯⋯150g

橘子水⋯⋯⋯⋯⋯75g

B　蛋白⋯⋯⋯300g
　　　細砂糖⋯⋯200g

皮的材料

安佳奶油⋯⋯⋯150g

C　細砂糖⋯⋯⋯62g
　　　低筋麵粉⋯⋯56g

奶水⋯⋯⋯⋯⋯100g

D　全蛋⋯⋯⋯⋯1個
　　　蛋黃⋯⋯⋯3個

〈烤溫〉

上火160℃，下火130℃，烤約12分鐘
著色轉頭，上火轉為150℃，下火130℃
再烤約25分鐘即可

❶安佳奶油先煮沸。

❷篩入低筋麵粉攪拌均勻。

❸加入A料攪拌均勻。

❹加入橘子水攪拌均勻。

❺B料打至中性發泡(蛋白發泡程度參照12頁)。

❻挖一點蛋白泡沫至麵糊中拌勻。

❼將整盆麵糊倒入蛋白中，攪拌均勻即可。

❽倒入鐵盤抹平，即可放入烤箱烘烤。

❾烤好後切成長條形，備用。

❿將做皮的安佳奶油溶解。

⓫加入C料攪拌均勻。

⓬加入D料攪拌均勻。

⓭加入奶水攪拌均勻即可。

⓮將麵糊用湯匙舀入平底鍋煎成圓片狀。

⓯麵糊邊緣有點乾時，即可放入蛋糕。

⓰順勢將蛋糕捲包起來。

⓱將兩邊貼緊即可。

核桃奶油捲

〈蛋糕：分蛋類〉

❶將A料攪拌均勻。

❷篩入B料攪拌均勻。

❸加入蛋黃攪拌均勻，備用。

❹將C料打至硬性發泡 (蛋白發泡程度請參照12頁)。

材料 (約28個量)

A	沙拉油	75g
	奶水	45g
	細砂糖	30g
	鹽	5g
B	低筋麵粉	100g
	泡打粉	5g
蛋黃		100g
C	蛋白	175g
	細砂糖	95g
	玉米粉	25g
椰子粉		適量
核桃		適量

備註：此種麵糊打好須馬上烘焙，所以份量多寡宜參照烤箱大小。

❺挖一點蛋白泡沫至麵糊中拌勻。

❻將整盆麵糊倒入蛋白，攪拌均勻即可。

❼將麵糊裝入擠花袋，擠飾成圓形。

❽撒上椰子粉即可放入烤箱烘烤。

〈烤溫〉

上火250℃
下火100℃
烤至著色即可

❾出爐後，抹上發泡奶油，鋪上核桃捲起來即可 (發泡奶油作法參照P12頁)。

備註：添加草莓精及芋頭精時請注意，因市售香精濃度不盡相同，故應少量嘗試添加。此材料為單一種的一鐵盤的份量，也可以將麵糊均分成3份，拌好後用尺稍隔開，一起倒入鐵盤烘烤。

❶同基本戚風蛋糕做法 (請參照13頁❶～❼)。

❷抹勻發泡奶油將蛋糕重疊(發泡奶油請參照12頁)。

❸平均切成三條，抹上發泡奶油重疊。

❹沾上巧克力米即可。

〈蛋糕：分蛋類〉
三色蛋糕

〈烤溫〉
上火180℃
下火150℃
烤約25分鐘即可

材料 (約一鐵盤的量)

A	沙拉油	160g
	奶水	100g
	細砂糖	25g
	鹽	4g
B	低筋麵粉	240g
	泡打粉	6g
	蛋黃	180g
C	蛋白	360g
	細砂糖	180g
	工研醋	4g
	巧克力米 (裝飾用)	適量

〈蛋糕：全蛋類〉
小可愛

材料 (約24個量)

A	安佳奶油	40g
	沙拉油	20g
B	全蛋	260g
	蛋黃	84g
	細糖	100g
	鹽	少許
C	玉米粉	16g
	低筋麵粉	100g
	香草粉	少許

〈烤溫〉

上火230℃
下火200℃
烤約20分鐘即可

❶鐵盤放入紙杯備用。

❷將A料溶解備用。

❸將B料一起攪打。

❹打至硬性發泡(全蛋發泡程度請參照12頁)。

❺篩入C料攪拌均勻。

❻倒入A料，攪拌均勻即可。

❼麵糊裝入擠花袋，擠入模杯約9分滿即可入烤箱烘烤。

千層蛋糕

〈蛋糕：全蛋類〉

材料 (約一鐵盤的量)

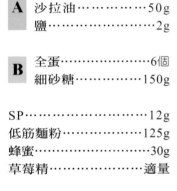

A		
奶水	………………	125g
沙拉油	…………	50g
鹽	………………	2g

B		
全蛋	………………	6個
細砂糖	…………	150g

SP	………………	12g
低筋麵粉	………	125g
蜂蜜	………………	30g
草莓精	…………	適量

〈烤溫〉

上火250℃
下火130℃
烤至著色即可

❶將A料先加熱備用。

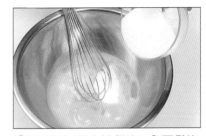

❷將B料打至中性發泡 (全蛋發泡程度請參照12頁)。

❸加入SP，打至硬性發泡(全蛋發泡程度參照12頁)。

❹篩入低筋麵粉，攪拌均勻。

❺加入蜂蜜，攪拌均勻。

❻加入A料攪拌均勻。

❼倒入鐵盤約1/5的量抹平，即可放入烤箱烘烤。

❽烤至表面著色取出，再倒1/5的量入烤箱烤，重覆動作共4次。

❾在最後一次加入2滴草莓精拌勻即可。

❿抹上發泡奶油即可捲起來(發泡奶油作法請參照12頁、蛋糕捲法請參照23頁❸～❼)

金字塔

〈蛋糕‥全蛋類〉

❶將A料溶解備用。

❷將B料打至硬性發泡（全蛋發泡程度請參照12頁）。

❸篩入C料，攪拌均勻。

❹倒入A料，攪拌均勻即可。

材料 (約2條量)

A
安佳奶油……………10g
沙拉油………………40g

B
全蛋…………………220g
蛋黃…………………2個
細砂糖………………100g

C
可可粉………………20g
低筋麵粉……………80g
香草粉………………2.5g
小蘇打………………2.5g

發泡奶油 (裝飾用)……少許
巧克力磚 (裝飾用)……少許

〈烤溫〉

上火210℃
下火160℃
烤約20分鐘即可

❺倒入鐵盤抹平，即可放入烤箱烘烤。

❻烤好後平均切4份，抹上發泡奶油重疊(發泡奶油作法參照12頁)。

❼蛋糕斜切成直角三角形。

❽抹上發泡奶油後夾起來。

❾刮上巧克力屑即可。

〈蛋糕：全蛋類〉
元 寶

〈烤溫〉

上火250℃，下火130℃
烤至著色即可
注意事項：鐵盤須放上層烘烤

材料 (約12個量)

A	全蛋	90g
	蛋黃	90g
	細砂糖	60g
	鹽	1g
B	玉米粉	37g
	低筋麵粉	37g
藍莓醬 (夾餡用)		適量

❶將A料打至硬性發泡
(全蛋發泡程度請參照
12頁)。

❷篩入B料攪拌均勻。

❸將麵糊裝入擠花袋，
擠飾成橢圓狀即可放入
烤箱。

❹烤好後夾克林姆餡對
捏即可。

〈餡料〉
克林姆

材料

A	玉米粉	50g
	細砂糖	100g
	低筋麵粉	50g
全蛋		210g
果汁調味乳		500g

❶將A料拌勻。

❷加入蛋攪拌均勻。

❸將調味乳煮沸。

❹倒入麵糊，攪拌均勻。

❺用中火煮至凝固狀即可。(煮時需不斷攪拌)

〈蛋糕：全蛋類〉
棗泥核桃糕

材料 (約一鐵盤的量)

A	無子黑棗……225g	**C**	低筋麵粉………150g
	養樂多………2瓶		小蘇打…………5g
B	全蛋…………190g		沙拉油…………150g
	細砂糖………150g		核桃……………63g
	鹽……………3g		杏仁果……………少許

❶將杏仁果切碎備用。

❷將A料浸泡約1個小時。

❸將B料打至硬性發泡 (全蛋發泡
程度請參照12頁)。

❹加入A料,攪拌均勻。

❺篩入C料,攪拌均勻。

❻加入沙拉油,攪拌均勻。

❼加入核桃,攪拌均勻即可。

❽撒上少許切碎的杏仁果即可入
烤箱。

〈烤溫〉

上火220℃
下火170℃
烤40～45分鐘即可

雪芬蛋糕

〈蛋糕：全蛋類〉

材料 (約8吋模2個量)

蛋糕的材料

A 安佳奶油⋯⋯80g
奶水⋯⋯⋯⋯45g

B 全蛋⋯⋯⋯⋯200g
蛋黃⋯⋯⋯⋯20g
細砂糖⋯⋯⋯110g

C 低筋麵粉⋯⋯90g
奶粉⋯⋯⋯⋯45g

D 蘭姆酒⋯⋯⋯15g
鳳梨精⋯⋯⋯2滴

皮的材料

E 安佳奶油⋯⋯83g
糖粉⋯⋯⋯⋯83g

蛋黃⋯⋯⋯⋯⋯53g

F 低筋麵粉⋯⋯33g
奶粉⋯⋯⋯⋯33g

蛋黃(刷蛋汁用)⋯1個

〈烤溫〉

蛋糕：上火220℃，下火150℃，烤至著色後
上下火皆轉為160℃，再烤約35分鐘即可
皮：上火230℃，下火0℃，烤至著色即可
注意事項：烤模須擦油灑粉

❶將A料溶解備用。

❷將B料打至硬性發泡
(全蛋發泡程度請參照
12頁)。

❸篩入C料攪拌均勻。

❹加入A料攪拌均勻。

❺加入D料攪拌均勻。

❻倒入模型，即可放入
烤箱烘烤。

❼將E料打均勻。

❽分2次加入蛋黃，每加
入一次都要攪拌均勻。

❾篩入F料攪拌均勻。

❿抹在烤好的蛋糕上
面，再放入烤箱烤至著
色。

⓫取出擦勻蛋汁。

⓬用三角刮板刮出紋路
再放入烤箱，烤至著色
即可。

檸檬玉米

〈蛋糕：全蛋類〉

❶將沙拉油煮至燙手。

❷加入玉米粉攪拌均勻。

❸加入檸檬汁攪拌均勻，備用。

❹將A料打至硬性發泡(全蛋發泡程度請參照12頁)。

材料 (約一鐵盤的量)

沙拉油·······················100g
玉米粉·······················90g
檸檬汁·······················30g

A　全蛋·····················240g
　　細砂糖···················85g

❺將蛋的部份倒約1/3到麵糊中攪拌均勻。

❻再將整盆麵糊倒入蛋的部份攪拌均勻即可。

〈烤溫〉

上火210℃
下火0℃
烤約25分鐘即可

〈注意事項〉

加入黃色素是為了
讓顏色較漂亮
也可以不添加

❼加入少許的黃色素攪拌均勻。

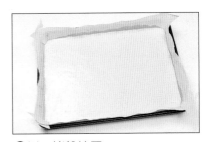

❽倒入烤盤抹平。

❾烤好出爐後倒扣在鐵盤上即可去皮，再切成三等份，抹上果醬重疊。

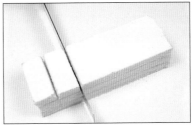

❿抹勻發泡鮮奶油，可切成長條或四角 (發泡鮮奶油作法請參照11頁)。

檸檬蛋糕

〈蛋糕：全蛋類〉

❶模型擦油、抹粉備用。

❷將A料煮熱備用。

❸將B料打至糖散。

❹篩入中筋麵粉，攪拌均勻。

材料 (約8個量)

A	安佳奶油	38g
	蜂蜜	10g
B	全蛋	140g
	細砂糖	60g
	中筋麵粉	112g
	SP	10g
C	檸檬汁	15g
	檸檬皮	少許
	檸檬巧克力 (裝飾用)	少許

❺加入SP，打至硬性發泡 (全蛋發泡程度請參照12頁)。

❻加入A料，攪拌均勻。

〈烤溫〉

上火220℃
下火180℃
烤約20～25分鐘即可

❼加入C料，拌勻即可。

❽將麵糊裝入擠花袋，擠入模形約9分滿即可放入烤箱烘烤。

❾檸檬巧克力隔水加熱。

❿將烤好的蛋糕淋上檸檬巧克力即可。

材料 (成品約10組)

A	全蛋…………200g
	蛋黃…………2個
	細砂糖………160g

沙拉油……………16g
低筋麵粉…………200g
糖粉………………適量

〈烤溫〉

上火230℃
下火180℃
烤至著色即可

〈注意事項〉

鐵盤需放置上層烤焙

❶A料打至硬性發泡 (全蛋發泡程度參照12頁)。

❷加入沙拉油，攪拌均勻。

❸篩入低筋麵粉，攪拌均勻即可。

❹將麵糊裝入擠花袋，擠飾成波浪長條狀。

❺均勻篩上糖粉。

❻放入鐵盤，即可放入烤箱烘烤。

❼烤好待涼後，夾上草莓及發泡鮮奶油即可 (發泡鮮奶油作法請參照11頁)。

❶放入鋁箔杯備用。

❷將A料煮沸，備用。

❸將B料打至糖散，篩入C料攪拌均勻。

❹加入A料，攪拌均勻。

❺加入檸檬汁攪拌均勻即可。

❻將麵糊裝入擠花袋，擠入鋁箔杯約9分滿，即可放入烤箱烘烤。

〈 蛋糕：全蛋類 〉
檸檬炸彈

〈 烤溫 〉

上火250℃，下火250℃
烤至著色上火轉為200℃
下火不變，再烤5分鐘即可

材料 (約12個量)

A	安佳油………60g	C	低筋麵粉……100g
	沙拉油………60g		泡打粉…………5g
			小蘇打………2.5g
B	全蛋…………3個		
	細砂糖………80g		檸檬汁…………20g
	鹽 …………2.5g		

毛巾蛋糕

〈蛋糕：全蛋類〉

材料 (約一鐵盤的量)

A
安佳奶油……………50g
沙拉油………………23g

B
奶水…………………23g
橘子水………………28g

C
全蛋…………………138g
蛋黃…………………36g
細砂糖………………93g
鹽……………………2g

低筋麵粉………………75g
肉鬆……………………少許
蔥末……………………少許

〈烤溫〉

上火220℃
下火100℃
烤約 20分鐘即可

〈注意事項〉

蛋糕捲起來後
連同紙張一起切
切口會比較漂亮

❶將A料煮沸備用。

❷將B料煮溫備用。

❸將C料打至硬性發泡 (全蛋發泡程度請參照12頁)。

❹篩入低筋麵粉，攪拌均勻。

❺加入A料攪拌均勻。

❻加入B料攪拌均勻即可。

❼倒入鐵盤抹平。

❽一半麵糊撒上少許的肉鬆及蔥末，即可放入烤箱烘烤。

❾烤好後對切，抹上少許發泡奶油 (發泡奶油作法請參照12頁)。

❿捲起來，即可切成成品 (蛋糕捲法請參照23頁❸～❼)。

〈蛋糕：全蛋類〉
蒙格蛋糕

〈烤溫〉

皮： 上火180℃，下火180℃，烤至平均著色

蛋糕： 上火180℃，下火180℃，烤約40～45分鐘

面： 上火200℃，下火180℃，烤至平均著色

材料 (約一鐵盤的量)

皮的材料

A	
	安佳奶油……100g
	細砂糖………40g
	蛋黃…………1個
	鹽……………2g
	檸檬皮………半個
	鮮奶水………20g

中筋麵粉………250g

蛋糕的材料

安佳奶油……………60g

B	
	全蛋…………2個
	蛋黃…………3個
	細砂糖………60g

C	
	中筋麵粉………80g
	鹽……………1g
	玉米粉………30g
	杏仁粉………50g
	香草粉………1g

面的材料

D	
	蛋白…………100g
	細砂糖………100g

杏仁粉……………100g

❶將A料打至鬆發。

❷篩入1/2中筋麵粉，攪拌均勻。

❸將另1/2的中筋麵粉用手和勻。

❹將麵糰放在耐熱烤盤布上用擀麵棍碾平。

❺放入鐵盤，用叉子刺洞透氣，烤至平均著色備用。

❻將安佳奶油溶解備用。

❼將B料打至硬性發泡(全蛋發泡程度請參照12頁)。

❽篩入C料攪拌均勻。

❾加入安佳奶油攪拌均勻。

❿將麵糊倒入烤好的皮上。

⓫抹平即可放入烤箱烘烤。

⓬將D料打至中性發泡(蛋白發泡程度請參照12頁)。

⓭加入杏仁粉攪拌均勻。

⓮倒入已烤好的蛋糕。

⓯抹平即可烘烤，烤至平均著色即可。

❶將A料打至硬性發泡(全蛋發泡程度請參照12頁)。

❷篩入B料打散。

❸加入沙拉油，攪拌均勻。

❹加入奶水攪拌均勻。

〈蛋糕：全蛋類〉

瑞士蛋糕

〈烤溫〉

上火210℃
下火200℃
烤約25~30分鐘即可

❺倒入模杯約9分滿(烤模紙杯剪法請參照11頁)。

❻撒上杏仁角即可放入烤箱烘烤。

材料 (約10～12個量)

A	全蛋………200g	沙拉油……………90g	
	細砂糖……135g	奶水………………60g	
	鹽……………2g	杏仁角…………少許	
B	低筋麵粉…135g		
	泡打粉………4g		

〈蛋糕：全蛋類〉
巧克力酥皮蛋糕

〈烤溫〉
蛋糕：上火180℃，下火180℃
烤約35~40分鐘即可
酥皮：上火180℃，下火180℃
烤至平均著色

蛋糕材料 (約一鐵盤量)

A	動物鮮奶油…100g 巧克力………185g
B	全蛋…………3個 細砂糖………20g
C	中筋麵粉……80g 玉米粉………20g

酥皮材料

(同51頁皮的材料)

❶將酥皮碾平，用叉子刺洞透氣，入烤箱烤至平均著色即可(酥皮作法請參照51頁❶～❹)。

❷將A料隔水加熱，備用。

❸將B料打至硬性發泡(全蛋發泡程度請參照12頁)。

❹篩入C料攪拌均勻。

❺加入A料攪拌均勻。

❻將麵糊倒入已烤好的酥皮上，抹平即可放入烤箱烘烤。

❼烤好後待涼，切成條狀，撒上糖粉即可。

輕乳酪蛋糕

〈蛋糕：乳酪蛋糕類〉

❶模型邊先擦油抹上麵粉，再倒出多餘的粉，鋪上底紙備用。

❷將A料攪拌均勻備用。

❸將B料隔水加熱至乳酪完全溶解。

❹加入A料攪拌均勻。

材料 (約1個橢圓及1個7吋的量)

A	鮮奶水············50g
	玉米粉············25g

B	乳酪············250g
	動物鮮奶油······50g
	鮮奶水············100g
	安佳奶油·········75g

蛋黃············138g

C	蛋白············150g
	細砂糖···········100g
	玉米粉···········10g
	工研醋············5g

❺加入蛋黃攪拌均勻。

❻過濾備用。

❼將C料打至中性發泡 (蛋白發泡程度請參照12頁)。

❽挖約1/3的蛋白泡沫至麵糊中輕輕拌勻。

〈烤溫〉

上火210℃
下火130℃
烤至著色後
上火轉為180℃
下火130℃
再烤約50分鐘

❾將整盆麵糊倒入蛋白泡沫中拌勻，即可倒入模型。

❿鐵盤加入約1/3滿的水進烤箱烘烤即可。

重乳酪蛋糕

材料 (約7吋2個量)

A	乳酪	500g
	細砂糖	35g
	安佳奶油	20g
	蛋黃	48g
B	蛋白	120g
	細砂糖	85g
	玉米粉	30g

〈小模烤溫〉

小模：上火220℃
下火0℃
烤約15~18分鐘即可

〈8吋模烤溫〉

上火220℃
下火0℃
烤約60分鐘即可

❶模型內先蓋一片蛋糕備用(蛋糕材料、作法參照13頁❶~❿)。

❷將A料打至鬆發。

❸加入蛋黃攪拌均勻。

❹將B料打至中性發泡(蛋白發泡程度參照12頁)。

❺挖1/3的蛋白泡沫至麵糊中拌勻，再將整盆麵糊倒入蛋白攪拌均勻。

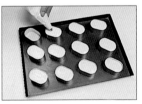

❻將麵糊裝入擠花袋，擠入模型中。

❼兩個鐵盤重疊，下鐵盤要放水200g一起烤。

〈蛋糕：乳酪蛋糕類〉
雙色芝士蛋糕

〈烤溫〉
上火220℃
下火0℃
烤約15~20分鐘即可

材料 (約一鐵盤的量)

A	玉米粉………15g
	優酪乳………90g
	全蛋…………3個

B	乳酪…………375g
	細砂糖………75g

草莓精…………少許
青蘋果精………少許

❶將A料攪拌均勻備用。

❷將B料攪拌均勻。

❸將A料慢慢加入B料，攪拌均勻。

❹將麵糊分為兩份，分別加入草莓精、青蘋果精，攪拌均勻即可。

❺鐵盤內先墊一片蛋糕，倒入草莓麵糊，抹平先烤(蛋糕材料、作法請參照13頁❶～❼)。

❻烤至表面著色後，再倒入青蘋果麵糊，再烤至著色即可。

鹹芝士蛋糕

〈蛋糕：乳酪蛋糕類〉

❶將A料隔水加熱。

❷將B料攪拌均勻。

❸將B料倒入A料攪拌均勻。

❹加入蛋黃攪拌均勻。

材料 (約一鐵盤的量)

A	乳酪	334g
	鮮奶水	100g
	安佳奶油	62g

B	鮮奶水	30g
	太白粉	30g

蛋黃……………………166g

C	蛋白	334g
	細砂糖	225g
	工研醋	10g

芝士粉……………………少許

❺將C料打至中性發泡 (蛋白發泡程度請參照12頁)。

❻挖約1/3的蛋白至麵糊中拌勻。

❼將整盆蛋黃麵糊倒入蛋白中，拌勻即可。

❽將麵糊倒入鐵盤抹平，撒上芝士粉，即可放入烤箱烘烤。

〈烤溫〉

上火220℃
下火130℃
烤約45～50分鐘即可

❶將A料打至鬆發。

❷分兩次加入全蛋，每加入一次要攪拌均勻，至蛋完全溶入，才可再加。

❸篩入B料攪拌均勻。

❹加入C料攪拌均勻，即可倒入模型。

❺烤至表面著色時，用小刀輕劃一下表面，再入烤箱烤熟。

〈蛋糕：重奶油蛋糕類〉
水果蛋糕

〈烤溫〉
上火220℃
下火200℃
烤約50~60分鐘即可

材料 (約1條量)

A		B	
瑪琪琳	80g	低筋麵粉	200g
安佳奶油	100g	泡打	7g
糖粉	120g		

		C	
全蛋	4個	葡桃乾	50g
		核桃	50g
		蜜汁果	50g

〈蛋糕：重奶油蛋糕類〉
海苔蛋糕

材料 (約1條量)

A			B	
	瑪琪琳………80g			低筋麵粉……200g
	安佳奶油……100g			泡打粉…………7g
	糖粉…………120g			
				海苔………………少許

全蛋……………4個

〈烤溫〉

上火220℃
下火200℃
烤約50~60分鐘即可

❶麵糊挖一點拌入海苔，攪拌均勻(蛋糕麵糊參照60頁❶～❸)。

❷將麵糊倒入模型，再舀入海苔麵糊即可放入烤箱烘烤。

❸烤至表面著色時，用小刀輕劃一下表面，再入烤箱烤熟。

核桃多尼樂蛋糕

材料 (約一鐵盤的量)

蛋糕的材料

A		
動物鮮奶油	260g
白油	150g
細砂糖	150g
鹽	2g
中筋麵粉	330g
泡打	20g
香草粉	4g
全蛋	3個

核桃奶油

B		
巧克力	90g
白油	40g

C		
動物鮮奶油	50g
糖粉	20g
鹽	2g
香草粉	2g

碎核桃·····················50g

〈烤溫〉

上火200℃
下火200℃
烤約45~50分鐘即可

❶將A料快速攪拌3分鐘(3分鐘為小型電動打蛋器之計時)。

❷倒入鐵盤即可放入烤箱烘烤。

❸將B料隔水加熱。

❹將C料攪拌均勻,加入B料,用小火加熱。

❺持續加熱至完全溶合即可,待涼,放入冰箱冰至巧克力凝固。

❻加入碎核桃攪拌均勻即可。

❼將烤好的蛋糕對切,抹上核桃奶油,兩片夾起來。

❽表面抹上核桃奶油,用抹刀挑起紋路即可。

富雪巧克力蛋糕

〈蛋糕：重奶油蛋糕類〉

材料 (約一鐵盤的量)

A
動物鮮奶油	150g
巧克力	150g

B
安佳奶油	57g
白油	170g
細砂糖	100g
全蛋	3個
中筋麵粉	330g
玉米粉	40g
小蘇打	2g
泡打	15g
香草粉	2g

蛋白的部份

C
水	50g
細砂糖	200g

蛋白	100g

〈烤溫〉
上火200℃
下火200℃
烤約45~50分鐘即可

❶將A料隔水加熱備用。

❷將B料快速攪拌3分鐘(3分鐘為小型電動打蛋器之計時)。

❸將A料倒入B料,攪拌均勻。

❹鐵盤擦油撒粉,倒入麵糊抹平即可放入烤箱烘烤。

❺將C料煮沸。

❻將蛋白打至起泡,加入C料。

❼再打至硬性發泡(蛋白發泡程度請參照12頁)。

❽將蛋糕抹上蛋白。

❾用抹刀挑起蛋白泡沫。

❿用噴槍燒一下,讓泡沫尾端呈咖啡色即可(不要太焦)。

〈蛋糕：SP 蛋糕類〉
蜂蜜蛋糕

材料 (約一鐵盤的量)

A	安佳油	83g
	沙拉油	66g
B	全蛋	500g
	細砂糖	150g
	鹽	2g
	中筋麵粉	250g
	泡打粉	10g
	桔子水	83g
	SP	35g
	蜂蜜	80g

〈烤溫〉

上火210℃
下火150℃
烤約90分鐘即可

❶將A料溶解備用。

❷將B料攪打均勻。

❸加入橘子水攪拌均勻。

❹加入SP打至硬性發泡(全蛋發泡程度參照12頁)

❺加入A料攪拌均勻。

❻加入蜂蜜攪拌均勻。

❼倒入鐵盤即可放入烤箱烘烤。

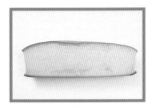

失敗原因：①麵糊加入油及蜂蜜時未徹底拌勻導致沈澱。②烤溫太低。

起酥蛋糕
〈蛋糕：ＳＰ蛋糕類〉

〈蛋糕：SP蛋糕類〉
起酥蛋糕

材料 (蛋糕、皮各約2條的量)

蛋糕的材料

A	安佳奶油	75g
	沙拉油	75g

B	乳酪	45g
	鮮奶水	40g
	優酪乳	75g

C	全蛋	600g
	細砂糖	200g
	鹽	2g

D	中筋麵粉	300g
	泡打粉	10g

E	桔子水	80g
	奶水	75g

SP		40g

起酥皮的部份

F	鹽	2.5g
	起士粉	9g
	奶粉	9g
	糖粉	9g
	安佳油	19g
	全蛋	1個

中筋麵粉	188g
水	100g
瑪琪琳	250g

蛋黃 (刷蛋汁用)	2個

〈烤溫〉

蛋糕：上火250℃，下火200℃，烤約35分鐘
包酥皮後：上火220℃，下火250℃，烤至平均著色

❶將A料溶解，備用。

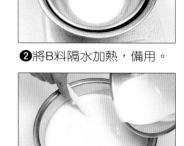

❷將B料隔水加熱，備用。

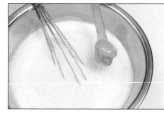

❻再加入SP用中速打至硬性發泡(全蛋發泡程度請參照12頁)。

❼加入B料，拌勻。

❶烤好倒扣，撕紙。

❷乳酪120g和水20g隔水溶解，備用。

❶將F料攪打均勻。

❶篩入中筋麵粉，稍微攪拌。

❷包入瑪琪琳。

❷碾成長條狀。

❷將起酥皮擦上蛋汁。

❷包入蛋糕捲起來。

❷將多餘的皮切掉。

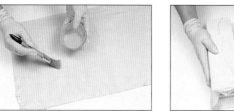

68

❸將C料打散。

❹篩入D料打散。

❺加入E料打至有黏性。

❽加入A料，拌勻即可。

❾倒入鐵盤抹平。

❿重疊2個鐵盤，下鐵盤要放水100g，一起進去烤。

⓭切去蛋糕皮。

⓮蛋糕對切，抹上溶解的乳酪。

⓯兩片重疊，備用。

⓲倒入水，攪打均勻。

⓳打至有筋度。

⓴擀開麵糰成四角狀，上放瑪琪琳。

㉓摺成3摺。

㉔再重覆2次（3摺3次），放置30分鐘鬆弛。

㉕擀開即可使用。

㉙將邊摺入。

㉚放入鐵盤，擦上蛋汁。

㉛用叉子刺洞透氣，即可入烤箱。

小帥哥

〈蛋糕：SP蛋糕類〉

材料 (裝飾後成品約10個)

A	蛋白	150g
	細砂糖	50g

SP	5g

B	低筋麵粉	100g
	卡士達粉	10g
	鹽	2g

奶水 25g
巧克力磚 (裝飾用) 適量

〈烤溫〉

上火200℃
下火210℃
烤至下火著色即可

❶將A料打至濕性發泡(蛋白發泡程度請參照12頁)。

❷加入SP打至硬性發泡(蛋白發泡程度請參照12頁)。

❸篩入B料，攪拌均勻。

❹加入奶水攪拌均勻。

❺將麵糊裝入擠花袋，擠飾成圓形狀，即可放入烤箱烘烤。

❻巧克力磚隔水加熱，備用。

❼擠一些發泡鮮奶油及果醬，兩片夾起來(發泡鮮奶油參照11頁)。

❽斜著沾上巧克力。

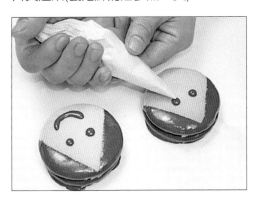

❾裝飾五官即可。

〈蛋糕：SP蛋糕類〉
獅皮大理石蛋糕

〈烤溫〉

蛋糕：上火220℃，下火130℃
烤約15分鐘轉頭，再烤20～25分鐘即可
獅皮：上火200℃，下火180℃
烤至平均著色即可

材料 (約一鐵盤的量)

蛋糕的材料：

A
安佳奶油……60g
沙拉油……60g
橘子水……30g

B
全蛋…………300g
細砂糖………120g

C
低筋麵粉……140g
泡打粉………5g
鹽……………2g

SP………………12g
蘭姆酒………………4g
巧克力醬……………30g

獅皮的材料：

D
蛋黃…………12個
全蛋…………1個
細糖…………30g

可可粉……………少許

❶將A料溶解備用。

❷將B料打至糖散。

❸篩入C料稍微攪拌。

❹加入SP，打至硬性發泡(全蛋發泡程度請參照12頁)。

❺倒入A料攪拌均勻。

❻加入蘭姆酒，攪拌均勻。

❼加入巧克力醬。

❽輕拌兩下。

❾倒入鐵盤，即可放入烤箱烘烤。

❿烤好後分成四條。

⓫抹上發泡奶油夾起來(發泡奶油參照12頁)。

⓬全部抹上發泡奶油備用。

⓭D料打至硬性發泡(全蛋發泡程度參照12頁)。

⓮倒入鐵盤撒上少許可可粉即可入烤箱烘烤。

⓯獅皮烤好抹匀發泡奶油包上蛋糕即可。

金丸子

〈蛋糕‥SP蛋糕類〉

材料 (成品約10個)

A	全蛋…………7個 細砂糖………150g 鹽……………2g		**B**	低筋麵………230g 泡打粉…………2g
	蜂蜜……………80g			SP………………20g
			C	蘭姆酒………30g 沙拉油…………20g
				藍莓醬(夾餡用)……適量

〈烤溫〉

第一次烤上火200℃，下火200℃
烤至著色即可
第二次烤上火180℃，下火200℃
再烤約30分鐘即可

❶將A料攪拌至糖散。

❷加入蜂蜜攪拌均勻。

❸篩入B料拌勻。

❹加入SP打至硬性發泡
(全蛋發泡程度請參照
12頁)。

❺加入C料攪拌均勻。

❻倒入約1/5的麵糊抹
平即可放入烤箱烘烤。

❼兩個鐵盤重疊，下鐵
盤要放水約100g一起進
去烤。

❽烤好後，將蛋糕蓋出
圓形。

❾將蛋糕鋪於模型杯中。

❿擠入適量的藍莓醬，
再擠入剩餘的麵糊即可
。

⓫鐵盤需放水150g一起
進去烤。

巧克力杏仁餅

材料

A	安佳奶油	180g
	糖粉	70g

B	高筋麵粉	180g
	太白粉	40g
	可可粉	15g

杏仁片·················75g

〈烤溫〉
上火220℃
下火180℃
烤至平均著色即可

小西餅很耐保存，不需放冰箱也能保存好幾天，但烤好後，需完全放涼才可以包裝收藏，若受潮變軟時只需再放入烤箱烘烤一下(溫度不要太高)即可恢復酥脆。

❶將A料攪拌均勻。

❷再篩入B料。

❸攪拌均勻成糰。

❹加入杏仁片拌勻。

❺鐵盤放入塑膠袋，將麵糊倒入鐵盤鋪平，再蓋上塑膠袋。

❻用擀麵棍碾平，放入冷凍庫冰硬。

❼冰硬後取出切成長條，再切片約0.5cm厚即可放入烤箱烘烤。

〈餅乾類〉
核桃餅乾

〈**烤溫**〉
上火220℃
下火180℃
烤至平均著色即可

材料

A	安佳奶油……270g
	糖粉…………180g
	奶粉…………90g

全蛋………………2個
中筋麵粉…………470g
核桃………………120g

❶將A料攪拌均勻。

❷分兩次加入全蛋，每加入一次要徹底拌勻，才可再加。

❸篩入中筋麵粉，拌成糰。

❹加入核桃拌勻。

❺鐵盤放入塑膠袋，將麵糊倒入鐵盤鋪平。

❻用擀麵棍碾平，放入冰箱冰硬。

❼切成長條，再切約0.5cm厚片，即可放入烤箱烘烤。

〈餅乾類〉

ㄋㄟㄋㄟ餅乾

材料

A		
	安佳奶油……195g	
	細砂糖…………90g	
	奶粉……………40g	

杏仁粉………………90g
全蛋…………………30g
低筋麵粉…………195g

〈烤溫〉

上火220℃
下火180℃
烤至平均著色即可

❶將A料攪拌均勻。

❷加入杏仁粉攪拌均勻。

❸加入全蛋攪拌均勻。

❹篩入低筋麵粉攪拌均勻,和成麵糰。

❺放入冰箱冰硬。

❻取出擀開。

❼用各式的餅乾模蓋出形狀,即可放入烤箱烘烤。

〈餅乾類〉
桃 酥

材料

A
安佳奶油……110g
細砂糖………150g

蛋黃……………2個

B
動物鮮奶油……20g
小蘇打…………5g
泡打粉…………5g

低筋麵粉…………300g

C
核桃……………30g
葡萄乾…………30g

蛋黃(刷蛋汁用)……1個

〈烤溫〉
上火200℃
下火180℃
烤至平均著色即可

❶將A料打至變乳白色。

❷加入蛋黃攪拌均勻。

❸加入B料攪拌均勻。

❹篩入低筋麵粉攪拌成糰。

❺加入C料拌勻。

❻搓成條狀切片，壓扁成約0.5cm 厚即可。

❼均勻擦上蛋汁即可放入烤箱烘烤。

❶將安佳奶油溶解備用。

❷將A料拌勻。

❸加入蛋白，攪拌均勻。

❹加入杏仁片拌勻。

❺加入安佳奶油攪拌均勻。

❻舀入麵糊，用叉子將杏仁片貼平即可。

〈餅乾類〉
杏仁瓦片

〈烤溫〉
上火130℃
下火100℃
烤至平均著色即可

材料

安佳奶油……………30g
蛋白………………80g
杏仁片………………130g

A
細砂糖……………60g
低筋麵粉…………40g
鹽…………………1g

❶將A料打至
均勻。

❷加入椰子粉
攪拌成糰。

❸加入安佳奶油，攪打均勻。

❹搓成圓球狀即可放入烤箱
烘烤。

〈餅乾類〉
椰 子 球

〈烤溫〉

上火210℃
下火150℃
烤至平均著色即可

材料

A	蛋黃	112g
	細砂糖	83g
	奶粉	33g
	鹽	2g

椰子粉	210g
安佳奶油	42g

❶將A料攪拌均勻。

❷加入蛋白攪拌均勻。

❸篩入B料攪拌均勻。

❹將麵糊裝入擠花袋，擠飾成S形即可。

❺撒上杏仁碎片即可放入烤箱烘烤。

〈餅乾類〉
S 杏仁酥

〈烤溫〉
上火200℃
下火160℃
烤至平均著色即可

材料

A		B	
安佳奶油	110g	高筋麵粉	82g
白油	37g	玉米粉	82g
糖粉	110g	鹽	1g

蛋白……………80g　　切碎的杏仁片………少許

❶將A料打至硬性發泡(全蛋發泡程度請參照12頁)。

❷篩入B料攪拌均勻。

❸將麵糊裝入擠花袋,擠飾成圓點狀。

❹撒上芝麻左右晃勻。

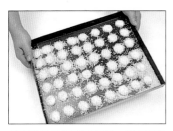

❺倒出多餘的芝麻,即可放入烤箱烘烤。

〈餅乾類〉
芝麻餅

〈烤溫〉

上火210℃
下火180℃
烤至平均著色即可

材料

A	全蛋……………………115g	B	低筋麵粉…………110g
	細砂糖……………………100g		鹽……………………1g

芝麻……………………少許

❶將A料打至均勻。

❷分兩次加入蛋白，每加入一次要攪拌均勻才可再加。

❸篩入低筋麵粉拌勻。

❹加入動物性鮮奶油拌勻即可。

❺將麵糊裝入擠花袋，擠飾成圓點狀。

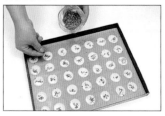

❻輕摔鐵盤，讓麵糊擴散，撒上海苔，即可放入烤箱烘烤。

〈餅乾類〉
海苔餅
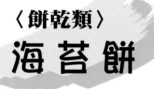

〈烤溫〉
上火210℃
下火100℃
烤至平均著色即可

材料

A	安佳奶油…………100g	蛋白…………………100g
	糖粉……………70g	低筋麵粉………………100g
		動物鮮奶油……………30g
		海苔………………少許

〈餅乾類〉
脆杏仁酥

材料

A
安佳奶油………75g
奶水…………15g

B
中筋麵粉………50g
細砂糖…………50g
杏仁角…………100g
全蛋…………1個

〈烤溫〉
上火150℃
下火100℃
烤至平均著色即可

❶將A料溶解備用。

❷將B料攪拌均勻。

❸加入A料攪拌均勻。

❹將麵糰上下隔烤盤布，用擀麵棍碾平。

❺用小刀裁成圓形狀。

❻放入鐵盤即可放入烤箱烘烤。

❼擠上克林姆重疊即可(克林姆請參照37頁)。

基本雙皮派派皮

材料 (2個份)

A		
	低筋麵粉	260g
	安佳奶油	160g
	鹽	2g
	水	50g
	糖粉	20g

〈烤溫〉 上火180℃，下火250℃，烤約45~50分鐘即可

❶將A料攪拌均勻成糰。

❷倒入鐵盤鋪平，冰硬。

❸取出碾開。

❹摺成3摺，重覆2次。

❺分成4份碾開。

❻將皮鋪在派盤背面。

❼壓上另一個派盤，將多餘的邊裁掉。

❽用叉子刺洞透氣。

❾裝入餡料，將邊擦上蛋汁。

❿蓋上另一層派皮，將多餘的邊削除。

⓫用叉子沿邊壓出齒狀。

⓬派皮可用各式的餅乾印模蓋出造型，以便裝飾用。

⓭放上裝飾的派皮，擦上蛋汁即可放入烤箱烘烤。

〈派、塔類〉
藍莓派

〈烤溫〉

上火180℃
下火250℃
烤約45分鐘即可

材料

派皮的材料

A
低筋麵粉	130g
安佳奶油	80g
鹽	1g
水	25g
糖粉	10g

餡料

藍莓派餡‧‧‧‧‧‧‧‧‧‧‧‧‧‧675g

蛋黃(刷蛋汁用)‧‧‧‧‧‧‧‧1個

❶抹平藍莓餡(派皮作法請參照86頁❶～❽)。

❷將派皮切成2cm寬的長條。

❸將派條排成網狀。

❹抹勻蛋汁即可放入烤箱烘烤。

〈派、塔類〉
蘋果派

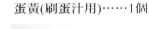

材料

派皮的材料

A
低筋麵粉	130g
安佳奶油	80g
鹽	1g
水	25g
糖粉	10g

餡料

安佳奶油‧‧‧‧‧‧‧‧‧‧‧‧‧40g
蘋果切丁‧‧‧‧‧‧‧‧‧‧‧‧‧450g

B
細砂糖	160g
肉桂粉	3g
鹽	4g

C
| 鮮奶水 | 80g |
| 太白粉 | 30g |

蛋黃(刷蛋汁用)‧‧‧‧‧‧1個

〈烤溫〉

上火180℃
下火250℃
烤約45分鐘即可

❶放入安佳奶油將蘋果炒熱,加入B料拌炒。

❷加入C料拌炒,炒至黏糊狀即可。

❸將蘋果餡鋪於派皮上(派皮參照86頁❶～❽)。

❹將派皮碾平,蓋上印模。

❺將派皮蓋上,捏出花邊,刷上蛋汁即可放入烤箱烘烤。

87

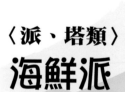

❶準備材料。

❷將B料燙過水去腥。

❸溶化奶油，炒軟洋蔥，拌入培根炒一下。

❹將全部材料拌在一起即可。

❺放上裝飾的派皮，擦勻蛋汁即可放入烤箱烘烤(派皮作法請參照86頁)。

〈派、塔類〉
海鮮派

〈烤溫〉
上火180℃
下火250℃
烤約60分鐘即可

材料

派皮的材料

A	
低筋麵粉	130g
安佳奶油	80g
鹽	1g
水	25g
糖粉	10g

餡料

B	
蝦仁	100g
蟹肉	100g

安佳奶油	20g
洋蔥	80g
蟹肉棒	100g
培根	100g
比薩起司	90g
蛋黃(刷蛋汁用)	1個

❶準備材料。

❷溶化奶油，拌炒洋蔥。

❸加入雞肉炒至半熟，加入
三色蔬菜拌一下即可。

❹加入A料拌均勻即可。

❺放上裝飾的派皮，擦勻蛋
汁即可放入烤箱烘烤(派皮
材料、作法請參照86頁)。

〈派、塔類〉
黑胡椒雞肉派

〈烤溫〉
上火180℃
下火250℃
烤約60分鐘即可

材料

雞腿肉	500g
鹽	5g
洋蔥	200g
奶油	30g
三色蔬菜	150g
比薩起司	40g

A	鮮奶	40g
	玉米粉	65g
蛋黃(刷蛋汁用)		1個

基本酥皮

材料 (2個份)

A	安佳奶油…………115g
	糖粉………………55g

全蛋………………45g

B	低筋麵粉…………200g
	香草粉……………2g

〈烤溫〉 上火200℃，下火200℃
烤至平均著色即可

❶將A料打散。

❷分兩次加入全蛋，每加入一次要徹底拌勻，才可再加。

❸將麵糰放在工作台上，先加入1/3的B料，拌勻。

❹加入剩餘的B料，慢慢和勻。

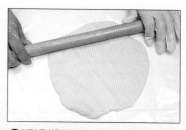

❺透過塑膠袋，用擀麵棍將麵糰擀開。

❻直接蓋入模型，撕下塑膠袋。

❼用擀麵棍碾去多餘的皮。

❽用叉子刺洞透氣。

❾烤至平均著色即可。

❶將C料打至鬆發。

❷慢慢加入全蛋，邊加入邊攪拌，至蛋完全溶入。

❸將乳酪液倒入酥餅皮(酥餅皮作法請參照90頁)。

〈派、塔類〉
大理石乳酪

〈烤溫〉
上火180℃
下火200℃
烤約35分鐘即可

❹擠上巧克力醬。

材料

酥皮的材料

A		
	安佳奶油	58g
	糖粉	28g
	蛋	23g

B		
	低筋麵粉	100g
	香草粉	1g

餡料

C		
	乳酪	223g
	細砂糖	50g

全蛋	2個
巧克力醬	12g

❺用筷子挑出紋路，即可放入烤箱烘烤。

〈派、塔類〉
酥皮黑櫻桃派

〈烤溫〉
上火200℃
下火250℃
烤約20~25分鐘即可

材料

酥皮的材料

A
安佳奶油………58g
糖粉……………28g
蛋………………23g

B
低筋麵粉………100g
香草粉……………1g

餡料

C
全蛋……………83g
細砂糖…………15g
卡士達粉………15g

鮮奶水……………83g
檸檬汁……………10g
黑櫻桃……………適量

❶將C料打至糖散。

❷加入鮮奶水,攪拌均勻。

❸加入檸檬汁攪拌均勻,過濾備用。

❹將黑櫻桃鋪在酥餅皮上(酥餅皮作法參照90頁)。

❺加入檸檬慕斯水即可放入烤箱烘烤。

❶將C料隔水加熱。

❷將D料打均勻。

❸將C料倒入D料中攪拌均勻，過濾備用。

〈派、塔類〉
紅櫻桃乳酪派

〈烤溫〉
上火200℃
下火250℃
烤約20~25分鐘即可

❹將紅櫻桃鋪在酥餅皮上(酥餅皮作法參照90頁)。

材料

酥皮的材料

A	安佳奶油	58g
	糖粉	28g
	蛋	23g

| B | 低筋麵粉 | 100g |
| | 香草粉 | 1g |

餡料

| C | 乳酪 | 100g |
| | 鮮奶水 | 132g |

D	全蛋	20g
	蛋黃	1個
	煉乳	34g

紅櫻桃 …………………… 適量

❺倒入乳酪慕斯水即可放入烤箱烘烤。

❶將A料切塊。

❷切成碎塊，撒水。

❸和成糰。

❹用擀麵棍擀開。

❺鋪在派盤。

❻將多餘的邊切掉。

❼用手捏出花邊。

❽用叉子刺洞透氣。

❾烤至平均著色即可。

〈派、塔類〉

基本單皮派皮

材料 (2個份)

	低筋麵粉	330g
	安佳奶油	225g
A	細砂糖	10g
	鹽	4g
	香草粉	6g
水		70g

〈烤溫〉

上火200℃
下火200℃
烤至著色即可

〈派、塔類〉
草莓派

材料

派皮材料

A
低筋麵粉‥‥‥‥165g
安佳奶油‥‥‥‥113g
細砂糖‥‥‥‥‥‥5g
鹽‥‥‥‥‥‥‥‥2g
香草粉‥‥‥‥‥‥3g

水‥‥‥‥‥‥‥‥35g

餡料

B
吉利丁粉‥‥‥‥20g
水‥‥‥‥‥‥‥‥40g

C
細砂糖‥‥‥‥‥100g
鹽‥‥‥‥‥‥‥‥2g

D
草莓‥‥‥‥‥‥200g
水‥‥‥‥‥‥‥‥150g

發泡鮮奶油‥‥‥‥‥150g

E
蛋白‥‥‥‥‥‥100g
細砂糖‥‥‥‥‥‥50g

❶將草莓派餡鋪於派皮上，抹勻發泡鮮奶油擠飾即可。(草莓派餡作法參照97頁❶～❾；單派皮作法參照94頁❶～❾；發泡鮮奶油作法請參照11頁)。

❷裝飾洗淨的草莓即可。

〈派、塔類〉
檸檬派

材料

派皮材料

A
低筋麵粉⋯⋯⋯⋯165g
安佳奶油⋯⋯⋯⋯113g
細砂糖⋯⋯⋯⋯⋯5g
鹽⋯⋯⋯⋯⋯⋯⋯2g
香草粉⋯⋯⋯⋯⋯3g

水⋯⋯⋯⋯⋯⋯⋯35g

餡料

B
吉利丁粉⋯⋯⋯⋯20g
水⋯⋯⋯⋯⋯⋯⋯50g

C
蛋黃⋯⋯⋯⋯⋯⋯76g
細砂糖⋯⋯⋯⋯⋯100g
鹽⋯⋯⋯⋯⋯⋯⋯2g

D
檸檬汁⋯⋯⋯⋯⋯90g
鮮奶水⋯⋯⋯⋯⋯200g

發泡鮮奶油⋯⋯⋯⋯⋯150g
(發泡鮮奶油作法請參照11頁)

E
蛋白⋯⋯⋯⋯⋯⋯100g
細砂糖⋯⋯⋯⋯⋯50g

❶將B料攪拌均勻，備用。

❷將C料打至變色。

❸將D料倒入C料，攪拌均勻。

❹加入B料。

❺以中火加熱至B料散，放入冷凍庫冰至凝固。

❻取出，加入發泡的鮮奶油拌勻，備用。

❼將E料打至硬性發泡(蛋白的發泡程度請參照12頁)。

❽加入E料，攪拌均勻即可。

❾將檸檬派餡倒入派皮(單派皮作法參照94頁❶～❾)，抹成金字塔狀，放入冷凍庫冰硬。

❿抹上一層發泡鮮奶油。

⓫擠飾花紋。

⓬刮上檸檬巧克力屑裝飾即可。

⓭裝飾檸檬片即可。

〈派、塔類〉巧克力派

❶巧克力派餡鋪於派皮上(單派皮材料參照96頁、作法參照94頁❶～❾),抹勻發泡鮮奶油擠飾即可(巧克力派餡作法參照97頁❶～❾)

❷裝飾巧克力即可。

材料

A	吉利丁粉	15g
	水	23g

B	細砂糖	100g
	蛋黃	80g
	鹽	2g

C	可可粉	12g
	奶水	130g

發泡的鮮奶油…………150g
(發泡鮮奶油作法請參照11頁)

D	蛋白	100g
	細砂糖	50g

98

〈派、塔類〉
葡式鹹蛋撻

材料 (約6個量)

鹹蛋撻水的材料：

奶油起司…………100g

A
動物鮮奶油…150g
牛奶…………150g
鹽……………少許

全蛋………………3個

餡的材料：

B
全蛋…………100g
鹽……………3g
火腿…………75g
鳳梨罐頭………75g
比薩起司………25g
蝦仁…………50g

C
黑糊椒………少許
奶油粉…………30g

〈烤溫〉
上火180℃，下火250℃
烤約12~15分鐘即可

❶奶油起司隔水溶化，備用。

❷將A料攪拌均勻。

❸將A料倒入溶解的奶油起司，攪拌均勻。

❹調入全蛋攪拌均勻，過濾備用。

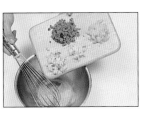

❺將B料攪拌均勻。

❻加入C料攪拌均勻。

❼將餡料放入塔杯約1/3杯，再倒入鹹蛋撻水約9分滿即可放入烤箱烘烤 (基本塔杯材料與作法請參照101頁❶～⓮)。

〈派、塔類〉

葡式蛋撻

上火250℃，下火300℃
烤約13～15分鐘即可

材料 (約6個量)

基本蛋撻皮的材料：

A
- 中筋麵⋯⋯⋯⋯300g
- 全蛋⋯⋯⋯⋯⋯1個
- 鹽⋯⋯⋯⋯⋯⋯5g
- 細糖⋯⋯⋯⋯⋯30g
- 水⋯⋯⋯⋯⋯⋯135g
- 起酥油(瑪琪琳)⋯25g

裹入油：

B
- 起酥油⋯⋯⋯225g
- 高筋麵粉⋯⋯50g

蛋撻水的材料：

C
- 奶水⋯⋯⋯⋯110g
- 細糖⋯⋯⋯⋯⋯70g

D
- 奶水⋯⋯⋯⋯110g
- 動物鮮奶油 220g
- 奶香粉⋯⋯⋯1/2匙

E
- 蛋黃⋯⋯⋯⋯4個
- 全蛋⋯⋯⋯⋯1個

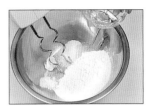
❶將A料一起攪拌。

❷攪拌成糰，備用。

❸將B料和勻，成正方形，備用。

❹將麵糰擀開成四角形。

❺將B料放在麵糰中間。

❻把四周的麵皮摺向中間，重疊處要壓緊。

❼將麵糰擀開。

❽摺成三摺。

❾再擀開，共三摺三次。

❿鬆弛20分鐘後，擀開碾成0.3cm厚，將整片麵皮擦上少許的水。

⓫將麵皮向內壓緊開始捲。

⓬要捲緊一點，放入冷凍庫冰硬。

⓭要吃時取出，稍微退冰切成0.5cm厚。

⓮放入塔杯，沿塔杯捏均勻即可。

⓲將D料倒入E料，攪拌均勻。

⓯將C料煮至糖溶即可離火，備用。

⓳將C料倒入，攪拌均勻即為蛋撻水。

⓰將D料攪拌均勻，備用。

⓴將蛋撻水過濾。

⓱將E料打散，備用。

㉑倒入塔皮內約9分滿，即可放入烤箱烘烤。

〈派、塔類〉
水果塔

材料

基本塔皮的材料：

A 安佳奶油……250g
　　糖粉…………150g

全蛋……………150g
中筋麵粉…………500g
溶解的巧克力……適量

餡的材料：

B 克林姆…………500g
　　發泡鮮奶油……250g

(克林姆作法參照37頁；
　發泡鮮奶油作法參照11頁)

❶將A料打至變乳白色。

❷蛋分兩次加入，每加入一次要徹底拌勻，才可再加入。

❸先加入2/3的中筋麵粉拌勻。

❹麵糰放工作台上，加入另外1/3中筋麵粉，用手慢慢和勻成糰。

❺搓成條狀，均勻切塊。

❻放入塔杯，沿塔杯捏均勻。

❼切掉多餘的麵皮。

❽擦上少許溶解的巧克力。

〈烤溫〉

上火180℃
下火180℃
烤至平均著色

❾將B料攪拌均勻。

❿裝入擠花袋，擠飾內餡，排上應時水果即完成。

〈派、塔類〉
菠蘿泡芙

材料 (約12個量)

菠蘿的材料：

A		
	安佳油	100g
	細砂糖	30g

B		
	全蛋	1個
	蛋黃	1個

中筋麵粉 100g

泡芙的材料：

C		
	安佳奶油	150g
	水	150g

D		
	低筋麵粉	150g
	泡打粉	12g

全蛋 230g

〈烤溫〉

上火210℃，下火200℃
烤約25分鐘即可

❶將A料攪打均勻。

❷加入B料攪拌均勻。

❸取出麵糰在工作台上，拌入1/3中筋麵粉。

❹拌入剩餘的中筋麵粉，慢慢和勻。

❺和成糰狀。

❻搓成條狀後，均勻切塊。

❼搓成圓球狀，壓扁即可備用。

❽將C料煮滾，勿離火。

❾篩入D料，攪拌均勻即可離火。

❿蛋一次加入一個，攪拌均勻，才可再加。

⓫將麵糊裝入擠花袋，擠飾成圓形狀。

⓬蓋上菠蘿皮即可入烤箱。

⓭泡芙切開，夾上克林姆(克林姆作法請參照37頁❶～❺)。

⓮撒上糖粉即可。

基本發泡鮮奶油
蛋糕裝飾法

❶將蛋糕橫切為三片，第一片先抹上一層鮮奶油，夾上新鮮的草莓，再抹上少許的鮮奶油，蓋上第二片蛋糕。

❷重複動作將蛋糕完成，蛋糕夾層時須注意厚度要一致，表面抹上鮮奶油，利用抹刀來回抹平。

❸旁邊也抹勻鮮奶油。

❹一邊旋轉轉台，將多餘的鮮奶油抹平。

❺基本蛋糕裝飾後，即可開始裝飾喜好的造型。

〈裝飾類〉
比基尼蛋糕

備註：蛋糕的材料為一片的量，此比基尼蛋糕要用兩片蛋糕製作。

材料
蛋糕的材料

A 沙拉油30g、橘子水20g、鹽少許、細砂糖10g

B 低筋麵粉48g、玉米粉4g、泡打粉3g

C 蛋黃30g、全蛋半個

D 蛋白75g、細砂糖48g、白醋2.5g

發泡鮮奶油(作法參照11頁)、水蜜桃、布丁各適量

❶將蛋糕裁出比基尼的形狀(蛋糕作法請參照12頁❶～❼)。

❷將蛋糕抹上一層發泡鮮奶油，再夾水蜜桃及布丁。

❸蓋上第二片蛋糕，上放兩個水蜜桃為胸部。

❹抹勻發泡鮮奶油。

❺用慕斯板將鮮奶油抹平。

❻將鮮奶油調色，再用菊花嘴擠飾(花嘴運用請參考116～117頁)。

❼擠飾緞帶。

❽裝飾小花即可。

〈裝飾類〉
熊貓蛋糕

材料 (約6吋模2個量)

A	沙拉油………60g 橘子水………40g 鹽…………少許 細砂糖………20g	**B**	低筋麵粉………95g 玉米粉…………8g 泡打……………5g	

C	蛋黃……………60g 全蛋……………1個

D	蛋白……………150g 細砂糖…………..95g 白醋……………5g

發泡鮮奶油…………適量
　　(作法請參照11頁)
水蜜桃………………適量
布丁…………………適量
巧克力磚(裝飾手腳)、溶
解的巧克力(擠飾五官)…
適量

❶先準備二個6吋的蛋糕,將一個蛋糕裁成4吋(蛋糕做法請參照13頁❶～❿)。

❷蛋糕的邊用剪刀修剪一下。

❸抹上發泡鮮奶油,分別夾上水蜜桃及布丁。

❹抹勻發泡鮮奶油,用慕思板抹圓,6吋及4吋都一樣。

❺將兩個蛋糕重疊。

❻用剪刀剪出手、腳的位置。

❼將巧克力磚削出手趾、腳趾。

❽巧克力磚溶解後擠飾耳、眼、鼻。

❾裝飾手腳、五官。

❿用發泡鮮奶油擠飾細條。

⓫蛋糕與盤子的接觸處可擠飾發泡鮮奶油裝飾(花嘴運用請參考116~117頁)。

〈裝飾類〉
煙斗爸爸

材料 (約8吋模1個量)

A	沙拉油	60g
	橘子水	40g
	鹽	少許
	細砂糖	20g

B	低筋麵粉	95g
	玉米粉	8g
	泡打粉	5g

C	蛋黃	60g
	全蛋	1個

D	蛋白	150g
	細砂糖	95g
	白醋	5g

發泡鮮奶油	適量
水蜜桃	適量
布丁	適量

❶蛋糕抹勻發泡鮮奶油(蛋糕作法參照13頁❶～❿、發泡鮮奶油蛋糕裝飾法參照106頁❶～❺)。

❷利用花嘴擠飾不同的花紋(花嘴運用請參照116～117頁)。

❸畫出臉譜，擠飾細條即完成。

〈裝飾類〉
心形蛋糕

材料 (約8吋模1個量)

A			C		
	沙拉油………60g			蛋黃…………60g	
	橘子水………40g			全蛋…………1個	
	鹽…………少許				
	細砂糖………20g				

B			D		
	低筋麵粉……95g			蛋白…………150g	
	玉米粉………8g			細砂糖………95g	
	泡打粉………5g			白醋…………5g	

發泡鮮奶油……適量
　(作法請參照11頁)
水蜜桃…………適量
布丁……………適量

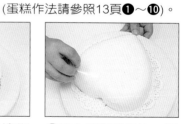

❶將蛋糕裁成心形，橫切成兩片
(蛋糕作法請參照13頁❶～❿)。

❷用剪刀把蛋糕的邊修
飾成圓弧形(蛋糕夾層請
參照106頁❶～❺)。

❸抹上發泡鮮奶油，用
慕斯板修飾成圓弧形。

❹擠飾一圈發泡鮮奶油
。

❺擠飾小花，擠上細條
(花嘴運用請參照116～
117頁)。

材料

					糖霜的材料：	
A	水…………200g	**C**	薑粉…………5g		蛋白…………2個	
	細砂糖………200g		中筋麵粉……300g		糖粉…………400g	
B	黑糖…………60g		豆蔻粉………40g		白醋…………4g	
	白油…………80g		小蘇打………4g			
	全蛋…………52g					

〈裝飾類〉
薑餅屋

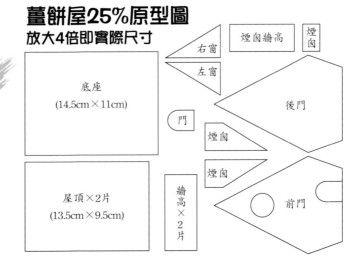

薑餅屋25%原型圖
放大4倍即實際尺寸

煙囪牆高　煙囪
右窗
左窗
底座
(14.5cm×11cm)
後門
門
煙囪
屋頂×2片
(13.5cm×9.5cm)
牆高×2片
煙囪
前門

〈烤溫〉
上火220℃，下火250℃，烤至著色即可

❶將A料煮沸，備用。

❷將B料攪拌均勻。

❸加入全蛋攪拌均勻。

❹加入A料攪拌均勻。

❺篩入C料，攪拌均勻即可倒入烤盤。

❻抹平麵糰，描出圖形。

❼將多餘的麵糰去掉，拿掉圖形紙。

❽用叉子戳洞，即可放入烤箱烘烤。

❾烤好全景。

❿將蛋白和50g的糖粉先攪打。

⓫顏色變白後，倒入全部的糖粉一起攪打。

⓬打至硬性發泡即可(蛋白發泡程度參照12頁)。

⓭擠上糖霜，先固定牆壁。

⓮蓋上屋頂。

⓯黏上煙囪。

⓰糖霜擠飾成下雪即完成。

〈裝飾類〉

宴客巧克力

材料 (約20個量)

A 動物性鮮奶油………100g
卡士達粉………………20g

軟質巧克力………………150g
白蘭地……………………4g
溶解的牛奶脆皮巧克力…適量

❶將A料攪拌均勻。

❷將軟質巧克力打至鬆軟。

❸加入A料打均勻。

❹加入白蘭地攪拌均勻。

❺裝入擠花袋,擠飾成圓點狀,放入冷凍庫冰硬。

❻沾上溶解的牛奶脆皮巧克力(各色巧克力的做法都一樣)。

❼均勻灑上可可粉即完成 (也可灑上切碎的乾果類或椰子粉)。

利用市售的模型

❽先在底部擠上一層溶解的脆皮巧克力,冰硬。

❾擠上巧克力餡,冰硬。

❿放入適量的核桃 (開心果、杏仁果、葡萄乾都可以)。

⓫再擠上一層脆皮巧克力,放入冷凍庫冰硬。

⓬將模型倒扣,上下擺動即可脫模。

鮮奶油花飾的製作 (均使用植物性鮮奶油) ⋯

〈圓口花嘴〉→

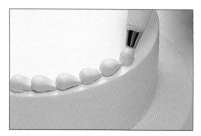

❶直擠、拉圓點。

❷由左至右持同一力道將鮮奶油擠出半圓弧線條。

〈斜口花嘴〉→

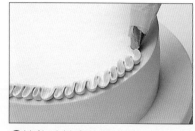

❶擠飾時較寬的花嘴口向下，做同一規則的U形手勢。

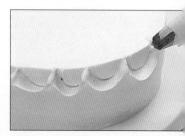

❷由左至右擠飾同一力道的半圓弧手勢。

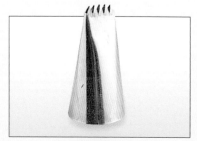

〈齒形花嘴〉→

❶手持同一力道，小弧度的上下擠出鮮奶油即可。

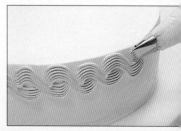

❷由左至右，手持同一力道，擠飾成斜～形即可。

〈葉形花嘴〉→

❶花嘴拿斜的直擠，向外拉即可。

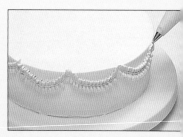

❷將鮮奶油持同一力道擠出，手做半圓弧形排列。

〈擠飾細條〉→

〈玫瑰花擠飾法〉

〈菊花嘴〉
↓

玫瑰花飾 (1) ↓

❶先在筷子上，由上而下，擠飾一圈鮮奶油，做花蕊。

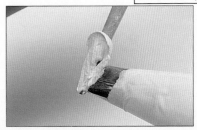

❷擠飾花瓣時，須重覆接合，層層包裹至一朵花完成。 玫瑰花飾 (2)

❶將鮮奶油以同一力道直擠。

❸用剪刀提起玫瑰花，裝飾在蛋糕上。

❶手做n形擠飾，在筷子的尾端擠飾一圈花蕊。

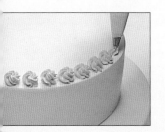

❶直擠。

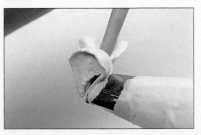

❷重覆做n形的手勢，隨著花瓣越大，手勢也須越大。

❶手做螺旋擠出鮮奶油。

❸直接將玫瑰花插在蛋糕上，輕鑽一下拿起筷子。

〈小花擠飾法〉↓

❶用同一力道擠出鮮奶油，■做半圓弧的重疊排列。

❶將花嘴斜著擠飾，讓花瓣成立體的螺旋排列。

❷花瓣的大小或數量可依需要而定。

117

裝飾巧克力片的製作

....

裝飾巧克力片 (1)

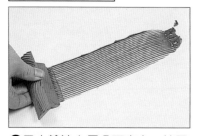

❶用木輪沾上黑色巧克力，抹平。

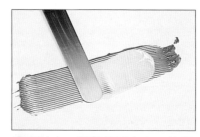

❷再抹上一層黃色巧克力，抹平。

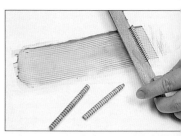

❸用刀刮巧克力，順著捲成香煙狀。

❹待乾，取下慕思圈，即是有造型的巧克力細條。

裝飾巧克力片 (3)

❶將銅模放入冰箱冷凍，取出，先沾上白色巧克力放乾。

❷再沾上黑色巧克力，待乾，脫模即可。

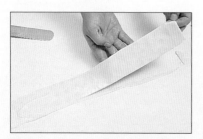

❹將抹勻巧克力的轉寫紙放在陰涼處。

❺各色的巧克力作法都一樣。

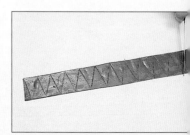

❻待巧克力表面稍微凝固，用小刀輕劃成三角形。

❿也可以在巧克力半乾時，用餅乾印模蓋出形狀。

⓫待巧克力片乾時，直接從模型頂出來。

⓬各種餅乾印模，做法都一樣。

裝飾巧克力片 (2)

將巧克力抹平在慕斯圈上。

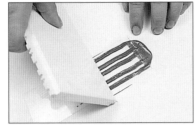

❷用齒形刮板刮出條紋狀。

❸將慕斯圈兩端捏緊。

裝飾巧克力片 (4)

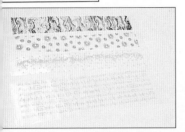

製作巧克力紋路的轉寫紙。

❷由轉寫紙印下來的巧克力花紋。

❸先將轉寫紙裁成所需的寬度，抹勻巧克力。

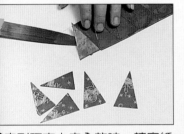

直到巧克力完全乾時，轉寫紙上的圖案也印在巧克力片上，用入刀將巧克力片拿起來即完成。

❽也可以待巧克力完全乾時，直接將轉寫紙撕下來。

❾用手撕下一小片一小片。

⓭各色巧克力及各種模型作法都一樣。

熟布丁

材料 (約7吋模1個量)

A	吉利T	30g
	細砂糖	150g

B	鮮奶水	1000g
	麥芽	100g

	奶水	225g
C	煉乳	25g
	蛋黃	175g

❶將A料拌勻。

❷將B料煮沸，勿離火。

❸將A料倒入B料，攪拌均勻，備用。

❹將C料攪拌均勻。

❺倒入B料，攪拌均勻即刻離火。

❻將布丁水過濾。

❼倒入模型，冷藏。

❽凝固脫模即可。

〈布丁、慕斯類〉
烤熟布丁

〈烤溫〉

上火150℃

下火150℃

烤約35分鐘即可

材料 (約9個量)

布丁的材料：

A	鮮奶水·········500g	B	全蛋·········175g
	細砂糖·········60g		蛋黃·········75g
			奶水·········125g

蘭姆酒·················4g

❶將A料溶解至糖散即可。

❷將B料攪拌均勻。

❸將B料倒入A料，攪拌均勻。

❹加入蘭姆酒拌勻。

❺將布丁水過濾。

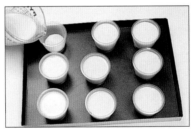

❻將布丁水倒入已有焦糖的杯子約9分滿。

❼鐵盤加水與焦糖齊即可入烤箱。

〈餡料〉
焦糖果凍水

材料

A	細砂糖·········50g	熱水·················250g
	吉利T·········15g	蜂蜜·················10g
		咖啡精·················4g

❶將A料拌勻，倒入熱水中拌勻，持續加溫。

❷加入蜂蜜拌勻，加入咖啡精拌勻至煮沸。

❸舀入布丁杯，放置冰箱冷藏至凝固即可。

布丁蛋糕

〈布丁、慕斯類〉

材料 (約6個量)

蛋糕的材料

A
安佳油‥‥‥‥‥‥‥‥60g
沙拉油‥‥‥‥‥‥‥20g
奶水‥‥‥‥‥‥‥‥‥40g

B
全蛋‥‥‥‥‥‥‥‥300g
細砂糖‥‥‥‥‥‥‥140g

C
低筋麵粉‥‥‥‥‥‥90g
玉米粉‥‥‥‥‥‥‥20g

〈烤溫〉

上火180℃
下火100℃
烤約25～30分鐘即可

❶倒入焦糖約模型的1/5滿,待凝固即可(焦糖作法請參考123頁❶～❸)。

❷倒入布丁約模型的3/5滿即可(布丁、焦糖水之材料、作法請參考123頁)。

❸將A料溶解備用。

❹將B料打至硬性發泡(全蛋發泡程度請參照12頁)。

❺篩入C料,攪拌均勻。

❻加入A料攪拌均勻即可。

❼將麵糊裝入擠花袋,擠入模型至滿即可。

❽鐵盤加水約1/3滿,即可放入烤箱烘烤。

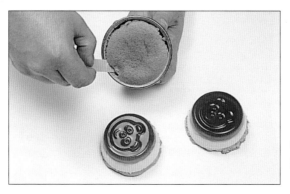

❾烤好後待涼沿邊刮一下即可脫模。

慕斯果凍布丁杯

果凍材料 (約12杯量)

A	細砂糖⋯⋯⋯⋯100g
	果凍粉⋯⋯⋯⋯30g

B	水⋯⋯⋯⋯⋯⋯700g
	麥芽⋯⋯⋯⋯⋯25g

濃縮果汁⋯⋯⋯⋯⋯200g

〈注意事項〉

只要熟悉慕斯、布丁、果凍作法，這三種東西可隨意搭配在可愛的小杯子內，成為宴客最佳點心。

❶將A料攪拌均勻，備用。

❷將B料煮沸，加入A料煮至糖散即可離火。

❸加入濃縮果汁攪拌均勻即可(各種果汁都可以，作法都一樣)。

❹倒入果凍杯即可。

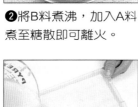
❺亦可倒入各式各樣的模型。

❻將布丁倒入模型(布丁材料、作法參照123頁❶～❺)。

❼蓋上蓋子，待凝固即成球狀。

〈布丁、慕斯類〉
乳酪慕斯

材料 (約7吋模1個量)

乳酪⋯⋯⋯⋯⋯⋯⋯⋯125g

A
吉利丁片⋯⋯⋯⋯⋯2片
熱開水⋯⋯⋯⋯⋯⋯50g

B
蛋黃⋯⋯⋯⋯⋯⋯⋯36g
細砂糖⋯⋯⋯⋯⋯⋯15g

打發的植物鮮奶油⋯⋯250g

C
蛋白⋯⋯⋯⋯⋯⋯⋯63g
細砂糖⋯⋯⋯⋯⋯⋯30g

❶將慕斯圈放在透明模片上。

❷灌入慕斯,冷凍至慕斯凝固即可將透明模片取下 (慕斯作法請參照129頁❶~❾)。

❸脫模即可。

❹用轉寫紙抹上巧克力,待乾貼上慕斯邊即可(巧克力轉寫紙請參照118、119頁)。

〈布丁、慕斯類〉
乳酪慕斯

材料 (約水滴型1個量)

乳酪…………………125g

A 吉利丁片……2片
　　熱水…………50g

B 蛋黃…………36g
　　細砂糖………15g

打發的植物鮮奶油…250g
(鮮奶油打至中性發泡
發泡程度請參照11頁)

C 蛋白…………63g
　　細砂糖………30g

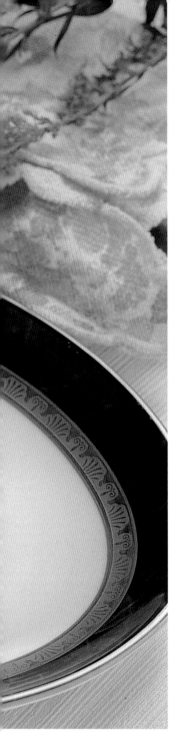

❶將乳酪隔水加熱至溶解。

❷加入A料攪拌均勻，備用。

❸將B料打至糖散。

❹加入B料攪拌均勻。

❺加入打發的鮮奶油攪拌均勻，備用。

❻將C料打至中性發泡(蛋白發泡程度請參照12頁)。

❼倒入乳酪慕斯內攪拌均勻。

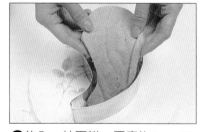

❽放入一片蛋糕，厚度約1cm(蛋糕材料、作法請參照13頁❶～❿)。

備註：①做慕斯的鮮奶油不論是動物性或植物性的皆打至中性發泡即可。
②做慕斯加入的鮮奶油大部分是動物性鮮奶油，因為口感度比較好。除非材料的糖放得比較少，才使用有甜度的植物性鮮奶油。

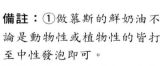

❾倒入慕斯厚度約1cm厚，放入冷凍至慕斯凝固。

❿重覆兩次，脫模即可。

129

〈布丁、慕斯類〉
草莓慕斯

材料 (約四角模型1個量)

A
草莓果醬……150g
熱開水………50g

新鮮草莓…………12個
鮮奶水……………100g

B
蛋黃…………4個
細砂糖………30g

C
吉利丁片………4片
水………………100g

蘭姆酒………………10g
發泡動物性鮮奶油…300g
(鮮奶油打至中性發泡
發泡程度請參照11頁)

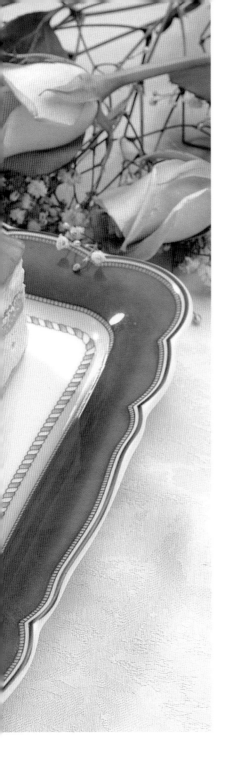

❶將A料攪拌均勻，備用。

❷將草莓打碎。

❸加入鮮奶，加熱備用。

❹將B料打至糖散。

❺倒入加熱的鮮奶。

❻加入泡軟的吉利丁片攪拌均勻(水不要加)。

❼加入A料攪拌均勻，即可離火。

❽加入蘭姆酒，攪拌均勻。

❾加入發泡鮮奶油，攪拌均勻備用。

❿用模型蓋出二片蛋糕，蛋糕應比模型小約1cm(蛋糕材料、作法參照13頁❶～❿)。

⓫先墊一片蛋糕，倒入草莓慕斯，放入冰箱冰至慕斯凝固，重覆動作2次。

⓬表面淋上果凍（果凍材料、作法請參照126頁❶～❸)。

⓭待果凍凝固，脫模即可。

〈布丁、慕斯類〉
青蘋果慕斯

材料 (約三角模型1個量)

A			B		
蛋黃	………	50g	吉利丁片	………	3片
細砂糖	………	50g	水	………	100g
玉米粉	………	18g			

熱開水……………175g

青蘋果精……………4g

蘭姆酒…………………7g

發泡動物性鮮奶油…250g

(鮮奶油打至中性發泡
發泡程度請參照11頁)

❶將A料打至糖散。

❷加入熱開水攪拌均勻。

❸煮沸。

❹加入青蘋果精攪拌均勻。

❺加入泡軟的吉利丁片攪拌均勻 (水不要加)。

❻加入蘭姆酒攪拌均勻。

❼加入發泡鮮奶油攪拌均勻。

❽用模型蓋出二片蛋糕，蛋糕應比模形小約1cm(蛋糕作法請參照13頁❶～❿)。

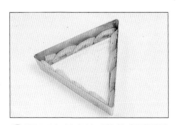

❾將玉米棒斜切裝飾於慕斯邊(玉米棒為裝飾用，別的餅乾亦可)。

❿倒入青蘋果慕斯，放入冰箱冰至慕斯凝固，重覆動作2次。

⓫表面淋上果凍（果凍材料、作法請參照126頁❶～❸)。

⓬待果凍凝固，脫模即可。

〈布丁、慕斯類〉

芒果慕斯

材料 (約六角模型1個量)

A 乳酪…………120g
　　糖粉…………50g

B 芒果泥………150g
　　水……………150g

C 吉利丁片………4片
　　水……………100g

發泡動物性鮮奶油…200g
(鮮奶油打至中性發泡
發泡程度請參照11頁)

❶將A料攪打均勻備用。

❷將B料煮沸。

❸加入A料，攪拌均勻。

❹加入泡軟的吉利丁片，攪拌均勻(水不要加入)。

❺加入發泡鮮奶油攪拌均勻備用。

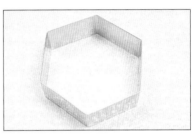

❻將慕斯模型放在泡綿上。

❼倒入芒果慕斯約1cm高，放入一片蛋糕(蛋糕作法參照13頁❶～❿，材料為13頁的1/2)，放入冰箱冰至慕斯凝固，重複動作2次。

❽待慕斯凝固，撕下泡綿。

❾脫模即可。

〈布丁、慕斯類〉
巧克力慕斯

材料 (約橢圓模型1個量)

A	細砂糖………30g 水……………100g	**C**	吉利丁片………3片 水……………100g

B	全蛋…………2個 蛋黃…………70g 巧克力醬……30g

溶解的牛奶巧克力…150g

發泡動物性鮮奶油…200g

(鮮奶油打至中性發泡
發泡程度請參照11頁)

❶將A料煮沸備用。

❷將B料攪拌均勻。

❸加入A料攪拌均勻。

❹加入泡軟的吉利丁片攪拌均勻
(水不要加入)。

❺加入巧克力攪拌均勻。

❻加入發泡鮮奶油攪拌均勻。

❼先墊一片蛋糕(蛋糕作法參照13
頁❶～❿，材料為13頁的1/2)，
倒入巧克力慕斯，放入冰箱冰至
慕斯凝固。

❽重覆動作2次。

❾脫模即可。

〈布丁、慕斯類〉
藍莓慕斯

材料 (約7吋模1個量)

A 熱開水⋯⋯⋯200g　　溶解的純白巧克力⋯100g
卡士達粉⋯⋯35g　　蘭姆酒⋯⋯⋯⋯⋯⋯5g
　　　　　　　　　　藍莓⋯⋯⋯⋯⋯⋯⋯50g

B 吉利丁片⋯⋯2片　　發泡動物性鮮奶油⋯250g
水⋯⋯⋯⋯⋯100g　　(鮮奶油打至中性發泡
　　　　　　　　　　發泡程度請參照11頁)

❶將A料攪拌均勻。

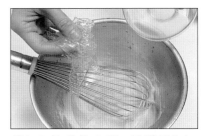

❷加入泡軟的吉利丁片攪拌均勻(水不要加入)。

❸加入巧克力攪拌均勻。

❹加入蘭姆酒攪拌均勻。

❺加入藍莓攪拌均勻。

❻加入發泡鮮奶油,攪拌均勻。

❼先墊一片蛋糕(蛋糕作法參照13頁❶~❿,材料為13頁的1/2)。

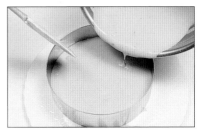

❽倒入藍莓慕斯,放入冰箱冰至慕斯凝固,重覆動作2次。

❾脫模即可。

草莓冰淇淋

〈冰淇淋類〉

❶將A料打至糖散，備用。

❷將B料加熱。

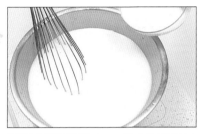

❸將C料攪拌均勻，倒入B料拌勻煮沸即可。

❹加入A料攪拌均勻。

❺繼續用小火煮至將沸時熄火。

❻加入草莓攪拌均勻。

❼滴適量的草莓精，攪拌均勻。

❽加入發泡鮮奶油，攪拌均勻即可。

材料 (約12球的量)

A	蛋黃……………………8個
	細砂糖…………………100g
	香草粉…………………8g
	奶粉……………………8g

B	牛奶水…………………100g
	鮮奶水…………………600g

C	玉米粉…………………32g
	鮮奶水…………………60g

打碎的草莓……………300g
草莓精……………………適量
發泡鮮奶油………………600g
(發泡程度請參照11頁)

〈注意事項〉

草莓精是一種濃縮的原料，屬於色素類的香料，只須加入一兩滴，顏色就很漂亮，但是若手邊沒有，不加也可以。

❾倒入模杯，送入冷凍庫即完成。

〈冰淇淋類〉
鳳梨)冰淇淋

❶基本冰淇淋汁拌入鳳梨泥攪拌均勻(基本的冰淇淋汁作法請參照141頁❶～❺)。

❷倒入模杯送入冷凍庫即完成(作法請參照141頁❽～❾)。

材料 (約12球的量)

A	蛋黃	8個
	細砂糖	100g
	香草粉	8g
	奶粉	8g
B	牛奶水	100g
	鮮奶水	600g
C	玉米粉	32g
	鮮奶水	60g
打碎的鳳梨泥		300g
鳳梨精		適量
發泡鮮奶油		600g

藍莓冰淇淋

材料 (約12球的量)

A		C	
蛋黃	8個	玉米粉	32g
細砂糖	100g	鮮奶水	60g
香草	8g		
奶粉	8g	藍莓醬	120g
		發泡鮮奶油	600g
B			
牛奶水	100g		
鮮奶水	600g		

❶基本冰淇淋汁拌入藍莓醬攪拌均勻 (基本冰淇淋汁作法參照141頁❶～❺)。

❷倒入模杯送入冷凍庫即完成(作法參照141頁❽～❾)。

〈冰淇淋類〉

巧克力冰淇淋

材料 (約12球的量)

A		C	
蛋黃	8個	玉米	32g
細砂糖	100g	鮮奶水	60g
香草粉	8g		
奶粉	8g	巧克力醬	120g
		發泡鮮奶油	600g
B			
牛奶水	100g		
鮮奶水	600g		

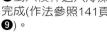

❶基本冰淇淋汁拌入巧克力醬攪拌均勻 (基本冰淇淋汁作法參照141頁❶～❺)。

❷倒入模杯送入冷凍庫即完成(作法參照141頁❽～❾)。

TITLE

新手成功烘焙DIY

STAFF

出版	暢文出版社
著者	沈鴻典
攝影	吳雪瑞

美術設計	齊格飛設計製作群
製版	大亞彩色印刷製版股份有限公司
印刷	立雄彩色印刷股份有限公司
法律顧問	經兆國際法律事務所　黃沛聲律師

戶名	瑞昇文化事業股份有限公司
劃撥帳號	19598343
地址	新北市中和區景平路464巷2弄1-4號
電話	(02)2945-3191
傳真	(02)2945-3190
網址	www.rising-books.com.tw
Mail	resing@ms34.hinet.net

本版日期	2018年4月
定價	350元

國家圖書館出版品預行編目資料

新手成功烘焙DIY／沈鴻典著 -- 初版. -- 臺北市：
暢文，1999[民88]
144面；19*26公分.
ISBN 957-8299-06-0(平裝)

1.食譜 - 點心 2.烹飪

427.16   88005837